HELGA HOFMANN

Nisthilfen
Insektenhotels & Co
selber machen

Die besten Ideen, um Nützlinge
im Garten und auf
dem Balkon anzusiedeln

INHALT

DIE GU-QUALITÄTS-GARANTIE

Wir möchten Ihnen mit den Informationen und Anregungen in diesem Buch das Leben erleichtern und Sie inspirieren, Neues auszuprobieren. Bei jedem unserer Produkte achten wir auf Aktualität und stellen höchste Ansprüche an Inhalt, Optik und Ausstattung. Alle Informationen werden von unseren Autoren und unserer Fachredaktion sorgfältig ausgewählt und mehrfach geprüft. Deshalb bieten wir Ihnen eine 100 %ige Qualitätsgarantie.

Darauf können Sie sich verlassen:
Wir legen Wert auf einen nachhaltigen Umgang mit der Natur im eigenen Garten. Wir garantieren, dass:
- alle Anleitungen und Tipps von Experten in der Praxis geprüft und
- durch klar verständliche Texte und Illustrationen einfach umsetzbar sind.

Wir möchten für Sie immer besser werden:
Sollten wir mit diesem Buch Ihre Erwartungen nicht erfüllen, lassen Sie es uns bitte wissen! Nehmen Sie einfach Kontakt zu unserem Leserservice auf. Sie erhalten von uns kostenlos einen Ratgeber zum gleichen oder ähnlichen Thema. Die Kontaktdaten unseres Leserservice finden Sie am Ende dieses Buches.

GRÄFE UND UNZER VERLAG
Der erste Ratgeberverlag – seit 1722.

HELGA HOFMANN

Nisthilfen
Insektenhotels & Co
selber machen

**Die besten Ideen, um Nützlinge
im Garten und auf
dem Balkon anzusiedeln**

Hilfe für Vögel: die besten Nisthilfen und Futterplätze 74

Fleißige Insektenjäger: Igeln & Co ein Zuhause bieten 108

Alle Baupläne und Schablonen finden Sie auch zum Herunterladen und Ausdrucken unter www.gu.de/magazin/bauanleitungen-nisthilfen

DIE BESTEN TIPPS, UM NÜTZLINGE IN DEN GARTEN ZU LOCKEN

Ob Blaumeise, Igel, Florfliege oder Schlupfwespe: Viele Tierarten tragen dazu bei, dass Schädlinge im Garten nicht überhandnehmen und sich Blumen, Gemüse, Obst und Kräuter gesund entwickeln.

VORBILD NATUR

Ein Garten ist eine kleine Welt für sich. Je bunter und vielfältiger, desto verwobener ist das Beziehungsgeflecht zwischen seinen Bewohnern. Und desto größer ist die Chance, dass die Tiere und Pflanzen zu einem Gleichgewicht untereinander finden und der Garten gedeiht.

Wenn Sie mit offenen Augen durch Ihren Garten gehen, werden Sie jedes Mal etwas Neues entdecken. Oder etwas Erstaunliches. Oder zumindest etwas Hübsches, das zum genauen

→ Wer den Schwarzspecht als Gartenhelfer möchte, sollte ihm alte Bäume zum Nisthöhlenbau bieten.

Hinsehen verlockt. Unzählige Bienen und Hummeln fliegen im Blumenbeet von Blüte zu Blüte. Sie sammeln Pollen und Nektar und machen sich – ebenso wie viele Schmetterlinge – als Bestäuber nützlich, ohne die eine reiche Ernte im Garten und auf Feldern undenkbar wäre. Vermutlich treffen Sie auch auf tierische Gäste, die Ihnen missfallen, etwa Blattläuse, die sich auf den Salatpflanzen oder Rosenknospen breitgemacht haben. Oft sind sie nach ein paar Tagen wieder verschwunden. Bei genauem Hinsehen finden Sie an den Blättern dann Marienkäfer oder verschiedene Larven, etwa die von Florfliegen oder Schwebfliegen. Sie alle ernähren sich von Pflanzenläusen und werden so zu unverzichtbaren Gartenhelfern, zu sogenannten Nützlingen. Sicher fällt Ihnen auch auf, dass es gerade in den naturbelassenen Ecken, die immer etwas unordentlich wirken, so richtig kreucht und fleucht: Laufkäfer jagen Insekten und Nacktschnecken, im Gebüsch suchen Meisen oder der Zaunkönig nach Raupen, und vielleicht hat ein Igel einen Haufen aus Ästen und Gestrüpp zu seinem Domizil erkoren. Sein Appetit auf Schnecken, Larven & Co. trägt ebenfalls dazu bei, dass sich pflanzenfressende Plagegeister nicht allzu ungehemmt

→ Mit Holzwolle gefüllte Tonkegel sind prima Quartiere für Ohrwürmer und sehen im Blumenbeet gut aus.

auf Gemüse- und Kräuterbeeten sowie auf Staudenrabatten ausbreiten können.

Wenn Sie einen Garten mit einer solch vielfältigen Tier- und Pflanzenwelt besitzen, können Sie sich glücklich schätzen. Die Chancen stehen gut, dass hungrige Raupen und Pflanzenläuse nicht überhandnehmen. Vielleicht möchten Sie die tierischen Helfer aber auch gezielt anlocken und fördern. Die Grundlage dafür schaffen Sie mit der richtigen Pflanzenwahl und naturgemäßem Gärtnern ohne giftige Hilfsmittel. Wenn Sie sich zudem noch etwas Wissen um die Lebensweise der verschiedenen Nützlinge aneignen und ihnen einen passenden Unterschlupf sowie geeignete Futterpflanzen bieten, werden Meisen, Schlupfwespen, Käfer & Co. bald Einzug in Ihrem Garten halten und dazu beitragen, Schädlinge in Schranken zu halten – ganz nach dem Vorbild der Natur.

Ein Garten im Gleichgewicht

Denn ein Garten ist ein kleines Ökosystem für sich, dessen Lebewesen in enger Beziehung zueinander stehen. Je mehr verschiedene Tier- und Pflanzenarten dort vorkommen, desto vielfältiger ist das Geflecht ihrer gegenseitigen Beeinflussung. Es entwickelt sich ein dynamisches Gleichgewicht, in dem sich die einzelnen Arten gegenseitig unterstützen, aber auch im Zaum halten. Dieses Gleichgewicht erweist sich als umso stabiler, je größer die Artenvielfalt ist. Was passiert, wenn eine solche Lebensgemeinschaft gestört wird, kann man auf großflächigen Monokulturen beobachten, aber auch in Gärten, die durch übermäßiges Jäten von jeglichem Unkraut befreit sind oder in denen Pestizide gegen Schädlinge zum Einsatz kommen: Das Ganze gerät aus dem Gleichgewicht und einzelne Arten können sich ungezügelt vermehren, weil ihre natürlichen Feinde fehlen. Dann überziehen Blattläuse schon mal ganze Rosenstöcke und Raupen fressen Sträucher kahl.

Das heißt nun aber nicht, dass Sie Ihren Garten in ein Stück Wildnis verwandeln müssen. Schließlich ist er ja ein Garten, ein nach Ihrem persönlichen Geschmack gestaltetes Stück Land. Doch wenn Sie sich ein wenig mit dem Grundprinzip des ökologischen Gleichgewichts vertraut machen, wird es Ihnen leichtfallen, Ihren Garten so zu gestalten, wie Sie ihn haben möchten, und trotzdem die natürlichen Helfer zu fördern, die für üppige Blumenpracht und reiche Ernte sorgen.

Wer ist Nützling, wer ist Schädling?

Aber welche der vielen Arten, die Sie bei Ihrem Rundgang durch den Garten treffen, gilt es nun zu fördern? Welche helfen, Pflanzen zu schützen, welche sind schädlich? Um es gleich vorweg zu sagen: Die Natur vergibt keine derartigen Etiketten. Eine Einteilung in die Kategorien »Nützling« und »Schädling« macht nur aus Perspektive des Menschen Sinn. Als Nützling gilt, wer etwas für uns Brauchbares produziert oder uns in unseren Bemühungen unterstützt. Ein Schädling ist, wer uns direkt oder indirekt schadet, meist, indem er etwas frisst, was für unsere eigene Ernährung vorgesehen war. So zählen wir die Honigbiene unumstritten zu den Nützlingen, während wir die den Salat fressende Nacktschnecke als Schädling ansehen.

Es gibt aber auch viele Tiere, die weder Nützling noch Schädling sind. So sind – in unseren Augen – die kleinen Heuschrecken, die am Gras

→ Das Basteln von Futterstellen macht Spaß und weckt die Neugier auf die Vögel im Garten.

knabbern, nicht weiter schädlich, tun sich aber auch nicht durch nützliche Aktionen hervor. Dabei sind auch sie wichtig als Teil des großen Gleichgewichts. Und sei es nur, dass sie einem Nützling als Ersatznahrung dienen, wenn dessen bevorzugter Schädling nicht verfügbar ist.

ALLES HAT ZWEI SEITEN

Noch schwieriger wird eine Zuordnung zu Nützlingen oder Schädlingen bei Tieren, die eigentlich beides sind. Denken Sie nur an die Schmetterlinge. Die bunten Falter möchte man im Sommergarten gewiss nicht missen, zumal sie nicht nur hübsch anzusehen sind, sondern auch einen gehörigen Beitrag zur Bestäubung von Blumen leisten.

Im Gegensatz zu den erwachsenen Schmetterlingen haben ihre Jugendformen, die gefräßigen Raupen, nur wenige Freunde. Dabei sind Raupen natürlich unentbehrlich, denn ohne sie gäbe es auch keine Schmetterlinge. Außerdem kommen Myriaden von ihnen Jungvögeln als Futter zugute. Tatsächlich aber können zum Beispiel die Raupen des Kohlweißlings in Gemüsebeeten beträchtlichen Schaden anrichten. Statt sie jedoch mit chemischen Mitteln ganz auszumerzen, ist es besser, die Raupen gezielt von Stellen abzuhalten, wo sie uns in die Quere kommen. Im Falle des Kohlweißlings lässt sich das auf einfache Weise durch feine Schutznetze bewerkstelligen, die man über die Beete spannt und die die Eiablage der Falterweibchen auf den Kohlpflanzen verhindern.

NÜTZLICH, ABER MANCHMAL LÄSTIG

Aber wozu zählt eine Wespe? Und eine Ameise? Beide machen sich ja durchaus nützlich, die räuberische Wespe, indem sie Scharen von Mücken, Pflanzenläusen und andere Kleininsekten erbeutet, die Ameise durch die Beseitigung von allerlei Abfallstoffen. Doch kaum jemand mag die beiden angesichts ihrer sommerlichen Angriffe auf die Kaffeetafel bzw. ihrer unerlaubten Straßenzüge quer durch die Speisekammer als Nützlinge bezeichnen. Einigen wir uns in solchen Fällen also auf den Begriff »Lästlinge« – Tiere, die uns vor allem im häuslichen Umfeld ziemlich lästig werden können, unterm Strich aber wichtige Mitglieder der biologischen Gemeinschaft Garten sind. In gärtnerischer Hinsicht sind sie daher – trotz ihrer »Unsitten« – zu den Nützlingen zu rechnen.

Natur zum Anfassen

Mit einem Garten hat man ein Stück Natur so nahe vor der Haustür, dass man es täglich ohne Aufwand besuchen kann. Wenn Sie erst einmal angefangen haben, genau hinzusehen, werden

→ Die Schwalbenschwanz-Raupe frisst zwar am Dill, doch den Falter möchte niemand missen.

Sie staunen, wie vielfältig das Tierleben dort ist – selbst wenn Ihr Garten klein ist oder Sie nur einen Balkon haben, und ganz gleich, ob der Garten auf dem Land liegt oder in der Stadt. Sicher werden sich in einer ländlichen Umgebung andere Arten einstellen als in der Stadt. Das heißt aber keineswegs, dass das Tierleben in der Stadt weniger vielseitig und interessant ist. Besonders für Kinder stellt der Garten eine ganz spannende Möglichkeit dar, heimische Tiere und Pflanzen kennenzulernen und mehr über deren unterschiedliche Lebensweisen und die Zusammenhänge in der Natur zu erfahren. Das macht umso mehr Spaß, weil Sie sich gemeinsam mit Ihren Kindern dieses Wissen ganz praktisch und lebendig aneignen können. Bauen Sie zusammen mit ihnen zum Beispiel ein Futterhäuschen oder einen Nistkasten für Vögel und beobachten Sie die gefiederten Gäste bei ihrer Mahlzeit oder beim Großziehen der Jungen. Oder basteln Sie ein kleines Insektenquartier. Es ist faszinierend zu erleben, welche und wie viele verschiedene Brummer dort im Lauf des Jahres einziehen.

TIPP

1. Mit Bestimmungsbüchern für Vögel und Insekten finden Sie heraus, wer da in Ihren Garten eingezogen ist. Sie wissen ja: Nur was man genau kennt, kann man auch fördern.

2. Mit dem Fernglas können Sie Vögel sogar am Nest beobachten. Es erleichtert außerdem das Bestimmen.

3. Haben die Meisen letztes Jahr den Nistkasten früher belegt? Wer hat keinen Nistplatz mehr bekommen? Mögen Wildbienen dicke oder dünne Strohhalme? Notieren Sie Ihre Beobachtungen. Das hilft, das Angebot zu verbessern.

KLEINE LEBENSRÄUME SCHAFFEN

Die Natur macht es vor

Vielleicht machen Sie sich einmal die Mühe und zählen oder schätzen die Anzahl der verschiedenen Pflanzenarten in Ihrem Garten. Vergessen Sie dabei auch die Gräser und Wildkräuter nicht. Anschließend zählen Sie die verschiede-

→ Ist der Gartenteich rundum gut eingewachsen, wird sich bald der Teichfrosch einstellen.

nen Tierarten. Sie werden rasch feststellen, dass es ungleich mehr Pflanzen- als Tierarten sind. In der freien Natur allerdings verhält es sich, weiträumig gesehen, genau umgekehrt. Weltweit gibt es gut dreimal so viele Tierarten wie Pflanzenarten. Das lässt sich dadurch erklären, dass Tiere durch ihre Beweglichkeit rasch neue Lebensräume erobern und diese auch wieder wechseln können. So können sie sich schnell an sich ändernde Bedingungen anpassen. Außerdem nutzen sie sowohl pflanzliche als auch tierische Nahrung, je nach ihrem Verdauungssystem. Das vielfältige Geflecht von Nahrungsbeziehungen zwischen Tieren und Pflanzen einerseits und zwischen Tieren und Tieren andererseits ließ eine Unzahl sogenannter ökologischer Nischen entstehen, an die sich die verschiedenen Arten angepasst haben.

In der Natur befindet sich das alles in einem fein ausgewogenen Gleichgewicht. Wenn dieses aus irgendeinem Grund aus der Balance gerät, pendelt es sich nach einiger Zeit von selbst wieder ein. Wenn etwa eine bestimmte Nahrungsquelle knapp wird, kann der, der sich davon ernährt hat, in der jeweiligen Region nicht mehr existieren, stirbt aus oder wandert ab. Und umgekehrt: Je mehr von einer Futterquelle vorhanden ist, desto stärker vermehren sich diejenigen, die sich davon ernähren. Im Garten heißt das zum Beispiel: Je mehr Blattläuse auftreten, desto mehr Marienkäfer werden davon satt. Sind schließlich alle Blattläuse aufgefressen, reduziert sich die Zahl der Marienkäfer von alleine wieder.

Die Waagschalen der Natur können sich umso besser austarieren, je kleinteiliger und vernetzter die verschiedenen Lebensräume sind. In großen Monokulturen, etwa riesigen Ackerflächen oder Fichtenforsten, funktioniert dies kaum. Folglich wächst sich ein Schädlingsbefall dort rasch zu einer Plage aus, weil die natürlichen Gegenspieler der Schädlinge weit und breit fehlen.

Je vielseitiger, desto besser

Wie in der freien Natur ist auch für einen Garten das Wichtigste eine große Artenvielfalt. Nur dann kann er in ein Gleichgewicht finden, in dem sich die Natur bei Störungen weitgehend selber helfen kann.

Bieten Sie der Tierwelt in Ihrem Garten statt monotoner Rasenflächen daher möglichst Lebensräume »für jeden Geschmack«, also Bäume und Sträucher, freie Grünflächen, eine Wasserfläche, einen Steingarten oder eine Trockensteinmauer, ein üppiges Blumenbeet, sandige Stellen, sonnenwarme Flächen und schattige Areale. Dann werden auch die unterschiedlichsten Bewohner in Ihrem Garten einziehen oder zumindest auf Futtersuche bei Ihnen vorbeischauen.

Genau genommen sind die meisten Tiere, die man im Garten beobachten kann, dort lediglich Gäste. Anders als etwa Haustiere leben sie nicht ganzjährig unter dieser Adresse, sondern sie kommen angeflogen oder krabbeln herbei und verbringen hier eine gewisse Zeit, um Nahrung zu suchen oder ihre Jungen großzuziehen. Je wohler sie sich in einem Garten fühlen, das

→ Kletterpflanzen wie der Blauregen erweitern den Lebensraum der Gartentiere in die dritte Dimension.

heißt, je besser dort ihre ganz unterschiedlichen Bedürfnisse erfüllt werden, desto öfter kommen sie oder desto länger bleiben sie.

GEHÖLZE SIND UNENTBEHRLICH

Bäume und Sträucher sind das Gerüst eines Gartens. Sie erweitern seine Fläche ins Dreidimensionale, spenden Schatten, liefern Vögeln Deckung und Nistplätze und beherbergen Dutzende von Insektenarten und andere Kleintiere. Das Nonplusultra wäre ein großer, alter Baum mit mächtiger Krone, bemoosten

Ästen, rissiger Borke und vielen Astlöchern. In der Krone und am Stamm einer einzigen alten Eiche haben Wissenschaftler einmal mehr als 3 000 Tierarten gezählt! So ein Prachtexemplar steht allerdings wohl in den wenigsten Gärten. Doch stellen Bäume ganz allgemein hervorragende Lebensräume für eine vielfältige Tierwelt dar. Laubbäume sind in dieser Hinsicht übrigens wertvoller als Nadelbäume.

Für Sträucher gilt sinngemäß dasselbe wie für Bäume: Sie sind für einen Garten unverzichtbar. Eine lockere Hecke aus heimischen Wildsträuchern, etwa Kornelkirsche (*Cornus mas*), Schlehe (*Prunus spinosa*) oder Weißdorn (*Crataegus monogyna*), ist ein Kleinlebensraum für sich. Mit ihren Blüten und Früchten offerieren Wildsträucher Insekten und Vögeln fast das ganze Jahr über reiche Nahrung. Verglichen damit bietet eine Thujenhecke (*Thuja*) Vögeln lediglich gute Deckung.

WIESEN UND FREIFLÄCHEN

In der unteren Etage des Gartens, im dichten »Halmwald« des Rasens und im Blätterdickicht des Staudenbeets sind vor allem Kleintiere zu Hause – krabbelnde, kriechende, hüpfende und

→ Eine bunte Blumenwiese stellt einen vielfältigen Lebensraum für vielerlei Kleingetier dar.

TIPP

Nutzen Sie – vor allem, wenn Sie nur wenig Platz haben – mithilfe von Kletterpflanzen die dritte Dimension. So entsteht zusätzlicher Lebensraum.

Wer Efeu (*Hedera helix*) oder Wilden Wein (*Parthenocissus tricuspidata*) an der Hauswand emporklimmen lässt oder ein Spalierbäumchen, etwa Apfel oder Birne, vor der Wand zieht, gibt einer Vielzahl von nützlichen Gartenbewohnern ein Quartier. Im sonnenwarmen Gezweig summt und brummt es von Insekten, Spinnen weben ihre Netze, und nicht selten platzieren Vögel ihr Nest in das Fassadengrün.

bohrende Insekten und deren Larven, Würmer und Schnecken, Milben und Spinnen. Es mag verständlich sein, dass nicht alle Menschen für dieses »Getier« Sympathie empfinden. Doch wenn man die Sache mit dem biologischen Gleichgewicht verstanden hat, kommt man nicht umhin, alle – in erträglicher Anzahl – im Garten willkommen zu heißen. Denn was sollen die Vögel sonst fressen, wenn sie auf Futtersuche durchs Gras hüpfen? Und Sie wissen ja: Ohne blätterfressende Raupen keine Schmetterlinge! Die Vielzahl kleiner Wiesenbewohner liebt als Nahrung aber auch eine Vielzahl verschiedener Pflanzen. Mit anderen Worten: Eine bunte Blumenwiese ist ungleich besser als ein gleichmäßig grüner englischer Rasen.

Und um noch einmal auf die Schmetterlinge zu kommen: Die Raupen einer ganzen Anzahl prächtiger Tagfalter, etwa des Schachbrettfalters, des Mauerfuchses und des Mohrenfalters, leben und fressen auf Gräsern. Häufiges Mähen bedeutet zwangsläufig ihren Tod. Lassen Sie Ihre Wiese also wachsen und mähen Sie maximal zwei- bis dreimal pro Jahr.

WASSERWELTEN

Wasser ist für Tiere ebenso wichtig wie Futter. Eine Wasserstelle im Garten oder besser noch zwei oder drei lockt nicht nur Vögel, sondern auch Insekten und andere Tiere an. Es muss kein natürliches Gewässer sein, einen Gartenteich finden Tiere genauso gut. Auch ein Brunnen mit flacher Schale oder eine kleine Tränke kommen gut an. Darin können Vögel nicht nur ihren Durst stillen, sondern auch ein Bad nehmen. Vom Teichrand entnehmen Schwalben feuchte Erdklümpchen, um ihre Nestkugel zu mörteln, und Singdrosseln holen sich nassen Lehm, mit dem sie Boden und Innenwände ihres Nests auskleiden, bevor sie es weich auspolstern. Libellen, deren Larven sich im Wasser entwickeln, halten den Luftraum über dem Teich, aber auch den übrigen Garten von Mücken und anderen Fluginsekten frei. Oft wandern Frösche zu, meistens grüne Teichfrösche. Auch wenn der eine ihr nächtliches Gequake im Frühjahr als Musik, der andere als Lärm empfindet – ohne Zweifel machen sie sich nützlich, indem sie Insekten und deren Larven sowie Schnecken verputzen. Sie bleiben auch nach der Paarungszeit oft im Garten, gern so nah am Wasser, dass sie sich bei Gefahr ins kühle Nass retten können. Gut eingewachsene Ufer sind daher eine Voraussetzung, dass sie sich wohlfühlen.

SONNIGES STEINREVIER

Ob ein klassischer Steingarten oder eine kleine Trockensteinmauer, beides kann Zauneidechsen ein willkommenes Zuhause bieten. Denn wie

→ Eine sonnige, bepflanzte Trockensteinmauer lockt Eidechsen an.

alle Reptilien lieben sie es sonnig und warm. Auch mit einem Steinhaufen in einer sonnigen Gartenecke nehmen sie vorlieb. Hauptsache, sie finden Schlupflöcher unter den Steinen, um sich darin blitzschnell zu verbergen, sobald ein Vogel naht. Zum Dank für das solide Quartier revanchieren sie sich, indem sie im Garten Unmengen Käfer und andere Insekten vertilgen. Ebenso nützlich machen sich Blindschleichen, die oft fälschlich für Schlangen gehalten werden, in Wirklichkeit aber völlig harmlose Eidechsen ohne Beine sind. Auch sie beziehen gern die Fugen von Mauern nicht anders als Molche für ihren Tagesschlaf und während der Winterruhe. Auch in einem kleinem Garten oder auf der Terrasse können Sie Reptilien-Wohnraum schaffen, indem Sie die Fugen von Natursteinmauern nicht mit Mörtel verschließen. Bieten Sie den Eidechsen auch einige größere flache Steine an, die von der Morgensonne beschienen werden. Als wechselwarme Tiere nehmen sie darauf gern ein Sonnenbad, um nach der kühlen Nacht auf »Betriebstemperatur« zu kommen.

DIE RICHTIGE PFLANZENAUSWAHL

Heimisches ist gefragt

Wichtig bei der Pflanzenauswahl in einem nützlingsfreundlichen Garten ist in erster Linie die Vielfalt. Wählen Sie Pflanzen mit unterschiedlichen Blütezeiten, sodass vom zeitigen Frühjahr bis zum späten Herbst etwas im Garten

→ Der Seidenschwanz lässt sich im Winter die Beeren schmecken, die noch an Zweigen hängen.

blüht. Achten Sie auch auf verschiedene Pflanzenhöhen, damit sowohl bodennah als auch an Stängeln und Blüten lebende Kleintiere Nahrung und Unterschlupf finden. Und natürlich wählen Sie jeweils die für sonnige oder schattige Standorte geeigneten Pflanzen (→ Seite 18/19). Arten mit unterschiedlichen Blütenformen und solche, die zu verschiedenen Jahreszeiten Früchte tragen, runden die Palette ab.

GEEIGNETE FUTTERPFLANZEN

Natürlich sollen in Ihrem Garten die Blumen, Bäume und Sträucher wachsen, die Ihnen gefallen. Wenn Sie allerdings etwas für die Tierwelt, vor allem für die Insekten in Ihrem Garten tun möchten, sollten Sie zu einem großen Teil auch heimische Gewächse pflanzen. Da sich die Tiere und Pflanzen in den Jahrtausenden ihrer Entwicklung perfekt aneinander angepasst haben, sind viele Abhängigkeiten entstanden. Vor allem Insekten, gerade die Raupen der Schmetterlinge, haben sich auf bestimmte Futterpflanzen spezialisiert. So hilft ein exotischer Sommerflieder (Buddleja davidii) Schmetterlingen nur bedingt. Seine nektarreichen Blüten ziehen zwar die Falter an, für den Fortbestand der Arten trägt der Strauch aber nichts bei, da er keine Raupenfutterpflanze ist.

FÜR VÖGEL BESONDERS ATTRAKTIVE STRÄUCHER

ARTNAME	DAS MÖGEN DIE VÖGEL AN DIESEM GEHÖLZ
Berberitze (Berberis vulgaris)	rote, längliche Beeren, von vielen Vögeln geschätzt; die dornigen Zweige bieten einen geschützten Nistplatz
Eberesche, Vogelbeere (Sorbus aucuparia)	ab Spätsommer hängende Dolden mit roten Früchten, bei vielen Vögeln sehr begehrt
Efeu (Hedera helix)	schwarze Beeren reifen im Frühjahr, bei vielen Vögeln beliebt; von Amseln, Zaunkönig oder Rotkehlchen gern als Nistplatz gewählt
Felsenbirne (Amelanchier ovalis)	blauschwarze Beeren im Sommer, bei Grasmücken, Amseln und Drosseln überaus begehrt
Kornelkirsche (Cornus mas)	gelbe Blüten sehr früh im Jahr, locken Insekten und damit auch Vögel an; rote Früchte, von vielen Vögeln geschätzt
Liguster (Ligustrum vulgare)	schwarze Beeren, gute Winternahrung für Amseln, Drosseln und Seidenschwänze; als dichte Schnitthecke sehr gutes Nistgehölz
Schlehe (Prunus spinosa)	blüht im frühen Frühjahr, lockt Insekten und damit Vögel an; Zweige bieten Schutz; Beeren im Winter bei vielen Vögeln begehrt
Wacholder (Juniperus communis)	reife schwarze Beeren, bei vielen Vögel beliebt; dichte, immergrüne Äste bieten perfekten Schutz

An der Schlehe dagegen fressen beispielsweise die Raupen des Abendpfauenauges.

Auch von üppig gefüllten Blütenköpfen profitieren Nützlinge nur wenig. Denn viele dieser Blüten sind steril, weil die zusätzlichen Blütenblätter aus den Staubgefäßen entstanden sind. Folglich ist in solchen Blüten kein Pollen zu finden. Auch die Nektarproduktion bleibt oft auf der Strecke. Ist doch etwas Nektar zu holen, kommen größere Insekten nur schlecht an ihn heran, denn die dicht stehenden Blütenblätter verwehren den Zugang.

An heimischen Arten mit einfachen Blüten wie etwa der Hecken- oder Hundsrose (Rosa canina) können sich die summenden Insekten dagegen mühelos an reichlich Nektar laben.

BEEREN FÜR DIE VÖGEL

Auch Vögel fliegen auf Einheimisches. Ihr Nest bauen sie vielleicht auch in exotischen Gehölzen, doch vor allem die Früchtefresser haben mehr von Sträuchern, die ihnen neben guter Deckung und einem Nistplatz auch reichlich Nahrung bieten. Ziehen Sie bei der Wahl der Gehölze also neben Blüte und Herbstfärbung auch in Betracht, ob ein Strauch bei Vögeln beliebte Beeren trägt (→ Tabelle). So locken Sie die gefiederten Helfer in Ihren Garten.

BIOLOGISCH GÄRTNERN

Gärtnern nach den Regeln der Natur

Für jeden, der naturnah gärtnern und Nützlinge im Garten fördern möchte, ist es heute selbstverständlich, ohne chemische Pflanzenschutzmittel zu arbeiten. Doch biologisch Gärtnern bedeutet viel mehr, als nur auf Gift zu verzichten. Damit das komplexe Zusammenspiel zwischen Nützlingen und Schädlingen sowie den Pflanzen funktioniert, ist es nötig, von Grund auf für die Gesundheit der Pflanzen zu sorgen. Das beginnt mit der schonenden Bodenbearbeitung und guten Kompostwirtschaft und reicht hin bis zur Wahl robuster, resistenter Sorten. Denn die meisten Schädlinge,

die an Gartenpflanzen auftreten, sind sogenannte Schwächeparasiten. Das heißt, sie vermehren sich immer dann massenweise, wenn es den befallenen Pflanzen nicht gut geht. Ebenso wie wir leichter von Krankheitserregern befallen werden, wenn unser Immunsystem ohnehin bereits angeschlagen ist, funktionieren auch die natürlichen Abwehrmechanismen der Pflanzen nicht mehr richtig, wenn ihre Lebensbedingungen nicht optimal sind. Dann können die Pflanzen den Insekten, die an ihnen saugen oder ihre Blätter anfressen, keinen Widerstand entgegensetzen, indem sie etwa verstärkte Zellwände bilden oder Bitter- und Giftstoffe produzieren. In der Folge vermehren sich die Schädlinge ungehemmt, insbesondere dann, wenn keine natürlichen Feinde in Sicht sind.

STANDORTGERECHT PFLANZEN

Eine Grundvoraussetzung für gesunde Gartenpflanzen besteht darin, dass man sie an einen für die jeweilige Art geeigneten Standort setzt. Jede Pflanzenart stellt da ganz bestimmte Ansprüche. Werden die nicht erfüllt, schwächelt die Pflanze. Und schon haben Schädlinge ein leichtes Spiel. Bei Stauden und Einjährigen, aber auch bei Gehölzen finden Sie gewöhnlich schon beim Kauf auf dem Etikett den Hinweis, ob die Pflanze für einen sonnigen, einen halbschattigen oder einen schattigen Standort geeignet ist. Aber

→ Einfache Blüten, deren Nektar leicht zugänglich ist, sind gefragter als dicht gefüllte Blütenköpfe.

nicht nur die Lichtverhältnisse sind wichtig, auch der Boden und damit die Qualität der Nährstoff- und Wasserversorgung spielen eine ausschlaggebende Rolle für das Gedeihen. In der Praxis kommt dem Faktor Boden – und damit auch der Düngung – vor allem im Gemüsegarten besonders große Bedeutung zu. Schließlich möchten Sie eine gute Ernte einbringen. Auch bei Gehölzen ist der richtige Boden entscheidend, denn sie sollen ja Jahrzehnte an ein und demselben Platz wachsen. Während sich zum Beispiel Sanddorn *(Hippophaë rhamnoides)* und einige Wildrosenarten auf sandigem, leichtem Boden mit gutem Wasserabzug wohlfühlen,

→ Ein üppiges Staudenbeet mit gesunden Pflanzen bietet einer Vielzahl an Insekten Nahrung.

gedeihen Eschen *(Fraxinus excelsior)* oder Schwarzerlen *(Alnus glutinosa)* dort gar nicht gut. Sie wollen eine gleichmäßige Wasserversorgung auf schwerem Boden.
Auch der Säuregrad des Bodens bestimmt, ob eine Pflanzenart dort gut wachsen kann oder

TIPP

Gärtner und Forscher arbeiten an der Züchtung von Gemüsesorten, die widerstandsfähiger gegen Schädlinge sind. Achten Sie beim Kauf auf solche neuen Sorten.

1. Es gibt Salatsorten, die gegen die Grüne Salatblattlaus resistent sind. Durch die Kreuzung mit Wildsorten enthalten sie Bitterstoffe, die den meisten Läusen nicht behagen. Uns schmecken diese Salate dennoch gut.

2. Die Möhrensorte 'Flyaway' soll recht widerstandfähig gegen die Möhrenfliege sein. Dies muss sich aber in der Praxis erst noch beweisen.

nicht. Pflanzen wie Rhododen-dron *(Rhododendron)* oder Besenheide *(Calluna vulgaris)* bevorzugen sauren Boden. Sie kümmern auf stark kalkhaltigem Boden.
Bei Gehölzen spielt außerdem ihre sogenannte Rauchhärte eine große Rolle, ob sie sich an einem bestimmten Standort gut und gesund entwickeln können oder nicht. Die Rauchhärte sagt, ob eine Gehölzart unempfindlich ist gegen Luftschadstoffe und auch mit innerstädtischem Klima zurechtkommt. Gartenbesitzer in städtischen Gebieten oder in der Nähe großer Industrieanlagen sollten besser auf rauchharte Gehölze wie etwa Feld- und Spitzahorn *(Acer campestre, A. platanoides)*, Hainbuche *(Carpinus betulus)*, Wacholder *(Juniperus)*, Berberitze *(Berberis)* oder Pfaffenhütchen *(Euonymus)*

zurückgreifen. Dagegen haben sich zum Beispiel Winterlinde *(Tilia cordata)*, Waldkiefer *(Pinus sylvestris)* und Weißtanne *(Abies alba)* als weniger stadttauglich erwiesen.

Vorbeugen ist besser

Auch mit der richtigen Pflege Ihrer Pflanzen können Sie vieles dazu beitragen, dass Schädlinge im Garten kein leichtes Spiel haben.

RICHTIG DÜNGEN

Neben einem geeigneten Standort braucht jede Pflanze die richtigen Nährstoffe, vor allem Stickstoff, Phosphor und Kalium. Diese müssen nicht nur in einer ausgewogenen Zusammensetzung verfügbar sein, sondern auch im richtigen Maß. Da gilt keineswegs »Je mehr, desto besser.« Sowohl eine Unterernährung wie eine Überernährung kann die Pflanze erheblich schwächen. Insbesondere Gemüsebeete leiden oft unter einer gut gemeinten Überdüngung. Zu viel

→ Pflanzenjauche herstellen ist nicht schwer – und sie ist ein prima Hilfsmittel gegen Schädlinge.

Stickstoff führt jedoch zu weichen Blättern und Stängeln, die anrückenden Schädlingen keinen Widerstand entgegensetzen können.

NICHT ZU DICHT PFLANZEN

Halten Sie unbedingt die empfohlenen Pflanzabstände ein. Gerade im Gemüsegarten platzieren viele Gärtner die Setzlinge dicht gedrängt, um auf kleiner Fläche eine möglichst große Ernte zu erzielen. Doch zu eng stehende Pflanzen leisten einem Schädlingsbefall Vorschub. Zum einen haben die Einzelpflanzen nicht genug Wurzelraum, um sich optimal zu entwickeln, und schwächliche Exemplare sind anfälliger. Zum anderen können sich erste Schädlinge im Blättergewirr vor Nützlingen besser verbergen

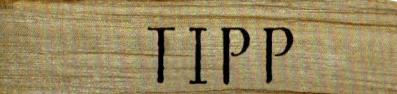

TIPP

1. Für eine Brennnesseljauche legen Sie 500 g frische Blätter in 5 l kaltes Wasser und decken das Gefäß ab. 2–3 Wochen stehen lassen, gelegentlich umrühren. Eine Handvoll Gesteinsmehl zugeben, das bindet Gerüche. Sobald die Jauche nicht mehr schäumt, ist sie fertig vergoren.

2. Bei Schädlingsbefall besprühen Sie die Pflanzen mehrmals mit der 1:10 mit Wasser verdünnten Jauche.

und ungehindert vermehren. Auch Pilzkrankheiten breiten sich leichter aus, wenn zwischen den Pflanzen keine Luft zirkulieren kann und die Blätter nach Regen lange nicht abtrocknen.

Schädlinge natürlich regulieren

Und wenn sich doch einmal Heerscharen von Blattläusen über die sorgsam gehegten Rosen hermachen? Es mag verlockend sein, dann zu giftigen Hilfsmitteln zu greifen. Doch Pestizide – auch solche mit dem aus Pflanzen gewonnenen Wirkstoff Pyrethrum – sind keine Lösung. Wer von den Nützlingen überlebt, findet keine Beutetiere mehr und verhungert oder wandert ab. Kommen nach einiger Zeit neue Schädlinge in den Garten, fehlen die Nützlinge. Der nächste Pestizideinsatz ist vorprogrammiert.
Doch zum Glück geht es auch anders. Es gibt zahlreiche unschädliche Hilfsmittel und Tricks, mit denen Sie Ihre Pflanzen schützen und Schädlingen das Spiel verderben können.
• Selbst angesetzte Pflanzenjauchen sind ein hervorragendes Mittel, um Pflanzen zu kräftigen und gegen Schädlingsbefall zu wappnen. Beinwelljauche etwa ist aufgrund ihres hohen Kaliumgehalts ein guter Flüssigdünger für Tomaten, Erdbeeren und Johannisbeersträucher.
• Mit solchen Jauchen können Sie auch von Schädlingen befallene Pflanzen besprühen oder gießen. Gegen Blattläuse zum Beispiel wirkt Brennnesseljauche (→ Tipp), aber auch Rainfarn- oder Wermutjauche. Auch ein erkalteter »Tee« aus Rhabarberblättern leistet gute Dienste.
• Mit einer Brühe aus Ackerschachtelhalm lässt sich ein Befall von Spinnmilben und Lauchmotten bekämpfen.
• Im Gemüsegarten ist Mischkultur zur Vorbeugung angesagt. Statt Monokultur verhindert der bunte Mix von beispielsweise Kohl, Möhren, Zwiebeln und Salat auf einem Beet, dass sich auf

eine Art spezialisierte Schädlinge massenhaft vermehren. Auch fördern manche Pflanzen gegenseitig ihre Gesundheit durch ätherische Öle oder Ausscheidungen der Wurzeln.
• Andere Pflanzen bringen Schädlinge durch ihren Duft auf Abwege. Pflanzt man Lavendel, Thymian oder Salbei, halten deren ätherische Öle den Kohlweißling davon ab, seine Eier auf den Kohlblättern abzulegen, und diese bleiben von den gefräßigen Raupen verschont.
• Schutznetze über dem Gemüsebeet halten Kohlweißling, Möhrenfliege und Lauchmotte ab.
• Gelbtafeln locken nicht nur die Kirschfruchtfliege an, sondern auch Weiße Fliege, Trauermücken, Minierfliegen und geflügelte Blattläuse. Und sogenannte Fanggürtel mit Raupenleim halten Frostspanner von Obstbäumen fern.

→ Eine Jauche aus den orangegelben Ringelblumen ist ein gutes Stärkungsmittel für andere Pflanzen.

MUT ZUR UNORDNUNG

Unkraut gibt es nicht

Es gibt die unterschiedlichsten Meinungen darüber, was einen schönen Garten auszeichnet. Der eine liebt es minimalistisch, der andere schätzt barocke Üppigkeit, wieder ein anderer mag es eher verspielt oder nostalgisch. Tiere hingegen sind sich weitgehend einig: Sie bevorzugen es unordentlich!

→ In zusammengerechten Laubhaufen finden viele verschiedene Tiere ein geschütztes Quartier.

Sollen also Nützlinge den Garten bevölkern, muss man unter Umständen seine Ordnungsliebe hintanstellen. Vielfalt ist das Zauberwort! Möglichst vielerlei verschiedene Pflanzen, unterschiedlich gestaltete Bereiche im Garten, vielfältige Unterschlupfmöglichkeiten – dann werden sich die verschiedensten Nützlinge ganz von allein einstellen.

Was die Pflanzen betrifft, braucht man für eine größere Vielfalt teilweise gar nichts zu tun. Es genügt, wenn man das »Unkraut«, das über kurz oder lang in jedem Beet aufkeimt, auch einmal wachsen lässt. Für einen Naturfreund gibt es diesen Begriff für all die – meist heimischen – Gewächse sowieso nicht, die mit unglaublicher Lebenskraft immer wieder versuchen, Fuß zu fassen auf jedem noch so winzigen Fleckchen freien Bodens. »Wildkräuter« ist die korrekte, weil wertneutrale Bezeichnung für sie.

Aus Sicht der Nützlinge tragen diese hartnäckigen Wildkräuter sehr viel zur Aufwertung eines Gartens bei. Vögel lieben es, an den zarten Trieben der Vogelmiere zu zupfen, und viele Blüten besuchende Insekten laben sich an den heimischen Blumen mit ihren ungefüllten Blüten. Nicht wenige sind sogar auf bestimmte Wildkräuter spezialisiert. So finden sich zum Beispiel Schenkelbienen ausschließlich in Gärten ein, in denen Gilbweiderich *(Lysimachia vulgaris)* wächst, Wollbienen lassen sich nur dort nieder, wo sie wollig behaarte Pflanzen wie Ziest *(Stachys)* oder Salbei *(Salvia)* finden. Lassen Sie an der einen oder anderen Stelle in Ihrem Garten also auch ruhig ein paar sogenannte Unkräuter zur Blüte kommen. Vielleicht sind Sie ja überrascht, wie hübsch manche dieser Eindringlinge blühen.

Samenstände stehen lassen

Auch die Pflege der Beete dürfen Sie etwas lockerer angehen. Schneiden Sie im Staudenbeet die Blütenstände nicht gleich ab, sobald sie abgeblüht sind, sondern lassen Sie sie stehen, bis ihre Samen herangereift sind. So haben Vögel eine Chance, sich die Sämereien herauszupicken. Nicht nur, dass es den Vögeln hilft, es ist auch reizvoll zu beobachten, wenn zum Beispiel eine Schar Stieglitze an den trockenen Blüten-

→ Samen- und Fruchtstände, die man stehen lässt, sehen hübsch aus und liefern Vögeln Futter.

köpfen von Karden und anderen Schmuckdisteln herumturnt. Überdies sind viele der Samenstände eine wahre Zierde für den Garten. Vor allem die filigranen Samenstände von Doldenblütlern oder Gräsern geben gerade an Raureiftagen ein bezauberndes Bild ab. Und die

TIPP

1. Legen Sie Steine, die Sie beim Umgraben eines Beets ans Licht befördern, in einer Gartenecke auf einen Haufen zusammen und lassen Sie sie dort einfach liegen. Laufkäfer, Spinnen und Asseln werden gern Unterschlupf in den Spalten zwischen den Steinen suchen.

2. Sind die Steine groß genug und liegen sie womöglich an einer sonnigen Stelle, an der sie sich erwärmen können, finden auch oft Eidechsen Gefallen an den Spalten als sicheres Versteck oder nutzen den Lesesteinhaufen am Morgen für ein Sonnenbad.

Rohrkolben *(Typha latifolia)* am Gartenteich, die Sie den Winter über stehen lassen, öffnen sich im nächsten Frühjahr und entlassen ihre winzigen Samen. Diese tragen feine, seidenweiche Haare, die in dicken Büscheln aus den Kolben quellen und ein bei Meisen hochbegehrtes Material zum Auspolstern des Nests sind.

Laub- und Holzhaufen

Im Herbst, wenn die Bäume und Sträucher ihr Laub verlieren, sollten Sie sich das Leben leicht machen. Entfernen Sie nicht sorgfältig jedes herabgefallene Blatt aus dem Garten, sondern schieben Sie die zusammengerechten Laubhaufen einfach unter Hecken und Sträucher. Nicht nur Igel werden es Ihnen danken, wenn sie darin ein warmes Plätzchen zum Überwintern finden, sondern zum Beispiel auch Spitzmäuse,

Laufkäfer und Spinnen nehmen gern Quartier in solchen Laubhaufen.

Auch den Astschnitt, der im Garten anfällt, brauchen Sie nicht zu entsorgen. Zu einem Haufen zusammengelegt, bietet er nützlichen Wildtieren Unterschlupf, von Kröten bis zu Zaunkönigen. Zugegeben, so ein Holz- oder Reisighaufen sieht nicht besonders dekorativ aus, aber vielleicht findet sich ja eine verborgene Gartenecke, in der er nicht so stört. Die Tiere werden ihn mit Sicherheit auch dort finden.

→ Baumstümpfe können im Garten wie Skulpturen wirken und liefern zudem wertvolles Totholz.

INFO

Die Angst vor Spinnen gründet bei vielen Menschen in der Furcht, diese könnten schmerzhaft beißen. Immerhin töten Spinnen ihre Beute ja durch einen Giftbiss. Doch selbst bei den größten der heimischen Arten sind die Kiefer zu schwach, um unsere Haut zu durchdringen. Und selbst wenn: Die Wirkung wäre nicht schlimmer als bei einem Mückenstich. Auch sind Spinnen nicht darauf programmiert, größere Lebewesen zu attackieren. Stattdessen versuchen sie zu flüchten.

Totholz lebt!

Kaum jemand wird einen großen abgestorbenen Baum im Garten stehen lassen, um über Jahrzehnte zu beobachten, wie er Stück für Stück zusammenbricht, von Moos und Pilzen besiedelt wird und schließlich vergeht.

Doch bieten sich durchaus praktikable Möglichkeiten, der Lebewelt im Garten Totholz zur Verfügung zu stellen. Wenn Sie zum Beispiel einen Baum fällen lassen, sollten Sie auf das Ausgraben oder Ausfräsen des Wurzelstocks verzichten und stattdessen den Stumpf, wenn möglich sogar das untere 1–2 m hohe Stammstück, stehen lassen. Es lässt sich als eine dekorative Skulptur nützen, indem Sie zum Beispiel Efeu daran emporranken lassen. Oder Sie stellen eine bunte Pflanzschale obendrauf. Das unter der abblätternden Borke von Jahr zu Jahr morscher werdende Holz wird eine Unzahl von Insekten beherbergen und damit Spechte anlocken. Bei einem höheren Baumstumpf können Sie im oberen Bereich auch ein oder mehrere künstliche »Astlöcher« ins Holz fräsen. Damit geben Sie Baumhummeln oder kleinen Säugetieren wie einem Siebenschläfer oder einer Fledermaus ein Quartier.

Nützlinge mit acht Beinen

In einer nach dem Sympathiefaktor geordneten Liste stehen bei den meisten Menschen Spinnen ziemlich weit hinten. Dabei lässt sich nicht leugnen, dass es sich um überaus nützliche Tiere handelt, die unsere Wertschätzung verdienen. Tolerieren Sie deshalb an der Hecke, zwischen den Zweigen eines Strauchs oder im Winkel einer Pergola die Spinnen und ihre Netze. Immerhin tragen die achtbeinigen Mitbewohner erheblich zur Dezimierung von Schädlingen im Garten bei. In ihren Netzen landen vor allem kleine, geflügelte Insekten wie Fliegen, Mücken, Thripse oder die geflügelten Formen der Blattläuse, während sich so dicke Brummer wie Bienen oder Hummeln aus eigener Kraft wieder daraus befreien können. Neben den bekannten Radnetzspinnen wie der Gartenkreuzspinne gibt es auch zahlreiche Arten, etwa die Zebraspringspinne oder die Krabbenspinne, die keine Netze bauen, sondern auf Blüten oder am Boden ihrer Beute auflauern. Sie fallen weit weniger auf, machen sich aber nicht minder nützlich als ihre Netze bauenden Verwandten.

Folgende Zahlenbeispiele verdeutlichen, wie wichtig Spinnen sind: Eine einzige große Kreuzspinne vertilgt in einem Jahr bis zu 2 kg Insekten, davon 40–70 Prozent Blattläuse. Auf 1 Hektar Wiese leben bis zu 1 Million Spinnen, etliche große und unzählige winzig kleine. Zusammengenommen fangen sie jährlich rund 500 kg Insekten – ungefähr ebenso viel wie die Singvögel auf derselben Fläche. Biologen haben hochgerechnet, dass, auf ganz Deutschland bezogen, Spinnen pro Jahr 4,5 Millionen

→ Spinnen sind nicht nur nützlich, ihre filigranen Netze verzaubern den Garten.

Tonnen Insekten fressen. Welch eine Vorstellung, wenn es die Spinnen nicht gäbe! Ein einziges Jahr ohne Spinnen, und der Boden in Deutschland wäre durchgehend 10–20 cm hoch von Insektenleibern bedeckt!

Toleranz ist gefragt

Die im Garten gewünschte Vielfalt erstreckt sich nicht nur auf Pflanzen und Nützlinge, sondern umfasst auch all diejenigen Tiere, die als Schädlinge gelten. Denn wovon soll sich der Marienkäfer im Garten ernähren, wenn er dort keine einzige Blattlaus findet? Das bedeutet, dass es in Ihrem Garten immer auch einige Schädlinge geben muss, damit die entsprechenden Nützlinge dort leben können. Bleiben Sie also gelassen, wenn einige wenige Blattläuse an den Rosen sitzen oder ein Räupchen ein paar Löcher in ein Blatt nagt. In einem Garten, der sich in einem gesunden Gleichgewicht befindet, werden die Nützlinge dafür sorgen, dass aus ein paar Schädlingen keine Heerscharen werden.

BODENLEBEN UND KOMPOST

Wo es vor Nützlingen nur so wimmelt

Wussten Sie, dass in jedem Quadratmeter Ihres Gartenbodens Millionen kleiner Helfer damit beschäftigt sind, Abfall wegzuschaffen und die Grundlage für neues Pflanzenwachstum zu bereiten? Angenommen, Sie lassen nach dem Mähen den Grasschnitt einfach liegen und rechen auch im Herbst das Falllaub nicht zusammen – nach einigen Monaten sind Gras oder Laub jeweils verschwunden, buchstäblich wie vom Erdboden verschluckt. Es ist jedoch nicht der Boden selbst, sondern es sind die darin lebenden Würmer und Asseln, Tausendfüßer und Milben, Springschwänze und Nematoden, die das abgestorbene Material in den Boden ziehen und zerkleinern. Was sie ausscheiden, bauen Myriaden von Mikroorganismen und Pilze noch weiter ab, bis schließlich duftender Humus entsteht. Zugleich wird dieses Material mit den mineralischen Komponenten des Bodens durchmischt. Das Ergebnis besteht in einer fruchtbaren Erde, die den Wurzeln der nachwachsenden Pflanzen alles liefert, was sie brauchen. Auf einem solchen Boden können sich Pflanzen gesund entwickeln und Schädlingen Widerstand leisten. Die Schar der im Boden verborgen wirkenden Helfer, von Würmern bis zu Tausendfüßern, ist also ebenfalls dem Kosmos der Nützlinge zuzurechnen.

Zu den Durchmischern des Bodens gehören auch die Ameisen, von denen die meisten Arten ihre Baue unterirdisch anlegen und den feinkrümeligen »Aushub« an der Oberfläche verteilen. Auch Maulwurf (→ Seite 121) und Wühlmäuse tragen mit ihren Gängen zur Durchlüftung, Dränage und Durchmischung des Bodens bei, auch wenn sie bei Gartenfreunden in keinem guten Ruf stehen.

→ Freund und Helfer: Kein anderes Tier verbessert den Boden so gründlich wie der Regenwurm.

DER BESTE FREUND DES GÄRTNERS

Der lichtscheue Geselle lässt sich nicht oft blicken. Meist wird er nur beim Umgraben eines Beets oder beim Umsetzen des Komposts ans Tageslicht befördert. Die Rede ist vom Regen-

wurm. Im Grund muss man von den Regenwürmern sprechen, gibt es doch hierzulande mehrere Dutzend verschiedene Arten, weltweit sind es sogar rund 3 000. Alle machen sich in gleicher Weise nützlich: Durch ihre mehrere Meter tiefen Gänge durchlüften sie gründlich den Boden und erleichtern es sowohl dem Regen wie auch den Wurzeln, tief in die Erde einzudringen. Außerdem fressen sie kiloweise welke Blätter und andere abgestorbene Pflanzenteile. Das pflanzliche Material wandert durch die Würmer hindurch und kommt als Kot an ihrem Hinterende wieder zum Vorschein. Dieser krümelige Wurmkot ist allerfeinste Gärtnererde. Auf diese Weise geht innerhalb weniger Jahre die gesamte Masse des oberflächlichen Humus durch die Körper der Regenwürmer hindurch, eine staunenswerte Tatsache, die schon Charles Darwin beschrieben hat. Immerhin können in 1 Quadratmeter Wiesenboden an die 400 Regenwürmer und mehr leben, die täglich rund 1 kg Wurmkot produzieren.

KOMPOST: REGENWURM-TREFFPUNKT

Für Gärtner ist die Sache klar: Je mehr Regenwürmer im Garten sind, desto üppiger ist das Pflanzenleben. Um die geringelten Burschen anzulocken, wirkt nichts besser als ein Komposthaufen. Sein überreiches Nahrungsangebot zieht die Würmer magisch an. Zusammen mit den übrigen kleinen »Untergrundkämpfern« machen sich die Würmer umgehend ans Werk und vermehren sich dabei auch noch eifrig. Die Fortschritte bei der Kompostierung erkennen Sie daran, dass der Haufen an Pflanzenmaterial zunehmend in sich zusammensinkt. Dabei entsteht wertvolle, nährstoffreiche Erde. Ist der Humus schließlich fertig, wandern die Würmer größtenteils wieder aus dem Komposthaufen ab und suchen sich im umgebenden Garten neue Betätigungsfelder.

→ Ein Kompostbehälter ist beim naturnahen Gärtnern unverzichtbar.

Guck mal!

Wo ist beim Regenwurm vorn und hinten? Die Richtung, in der er sich bewegt, sagt nichts, denn er kann vorwärts und rückwärts kriechen. Besser nehmen Sie einen Wurm in die locker geschlossene Hand. Er wird sich zwischen Ihren Fingern hindurchzwängen – und zwar mit dem Vorderende nach vorn.
Auch der »Gürtel«, die sattelartige Verdickung des Wurms, hilft: Sie liegt näher am Vorderende. Übrigens: nur geschlechtsreife Regenwürmer tragen einen Gürtel.

WERKZEUGE UND TECHNIKEN

Mit ein wenig handwerklichem Geschick und ohne großen finanziellen Aufwand können Sie Nisthilfen und Unterschlupfe für die verschiedensten Nützlinge schaffen, die nicht nur den Tieren zugutekommen, sondern auch dekorative Akzente im Garten setzen.

Das brauchen Sie

Mit folgenden Werkzeugen kommen Sie bei unseren Bauvorschlägen aus:

- Zollstock, Hammer und Schraubenzieher.
- Elektrische Stichsäge zum Aussägen.
- Elektrische Bohrmaschine oder starker Akkubohrer mit verschieden dicken Holzbohrern für Löcher bis 1 cm Durchmesser.
- Lochsäge-Vorsätze in unterschiedlichen Durchmessern für die Bohrmaschine.
- Feile zum Glätten von Kanten in Einfluglöchern und anderen engen Ausschnitten.
- Handschleifblock mit Schleifpapier mittlerer Körnung oder elektrische Schleifmaschine zum Glätten, Abfasen oder Anschrägen von Kanten.
- Schraubzwingen, um zusammengeleimte Bauteile zu fixieren.

MATERIALIEN: HOLZ, NÄGEL UND FARBE

Die für unsere Bauvorschläge nötigen Materialien bekommen Sie im gut sortierten Baumarkt.

- Verwenden Sie stets unbehandeltes Holz, am besten Fichten- oder Kiefernholzbretter. Gut ist ca. 2 cm dickes Leimholz. Seine glatte Oberfläche lässt sich gut bemalen oder bestempeln. Sägeraues Holz eignet sich dafür nicht so gut, dafür finden die Tiere mit ihren Krallen besseren Halt. Nicht geeignet sind Sperrholz und Pressspanplatten. Sie sind nicht wetterfest.
- Als Nägel haben sich Sockelleistenstifte (35 × 1,4 mm) bewährt. Sie sind hart und dünn und ihr Kopf ist so winzig, dass man ihn am Bauteil fast nicht sieht. Natürlich können Sie auch andere, ebenso lange Nägel verwenden.
- Als Holzleim verwenden Sie nur umweltfreundliche Produkte (Blauer Umweltengel).
- Wählen Sie zum Verschönern von Nistkästen und Unterschlupfen nur umweltverträgliche Farben oder Lasuren (Blauer Umweltengel). Malen Sie die Objekte nur außen an, innen bleibt das Holz unbehandelt.
- Auch wenn die Farben unbedenklich sind, strömen sie zunächst einen Geruch aus, der Tiere abstößt. Wundern Sie sich daher nicht, wenn Ihr Insektenhotel oder Nistkasten noch eine Weile leer steht. Lassen Sie die Bauwerke im Freien hängen oder stehen. Ist der Farbgeruch

1. Fenster aussägen: Form auf-
zeichnen und ein Loch (Ø 1 cm)
im Inneren des Fensters bohren.
Stichsäge durch das Loch stecken,
zur Kontur sägen und dieser folgen.

2. Runde Löcher sägen: Mit dem
Lochsäge-Vorsatz (Bohrmaschine)
lassen sich Löcher verschiedener
Größe sägen. Den Bohrer exakt
senkrecht auf das Holz aufsetzen.

3. Ein Dach schräg auf eine
Seitenwand setzen: Außenkante
der Wand mit der Schleifmaschine
etwas breiter anschrägen (»abfasen«). Darauf sitzt das Dach sicher.

verflogen, ziehen die Bewohner ein. Oder Sie
bauen und bemalen die Quartiere im Winter
und lassen sie bis zum Frühjahr auslüften.

So gehen Sie vor

Mit folgenden Tipps gelingen die Bauwerke
auch nicht so routinierten Heimwerkern.
Übrigens: Die Tiere stört es nicht, wenn ein
Häuschen vielleicht etwas schief gerät!
• Zeichnen Sie die Konturen der Bauteile mit
Bleistift auf das Holz auf. Maße und Formen
finden Sie im Extra-Heft. Für geschwungene
Formen nutzen Sie die Vorlagen auf Seite
122/123. Diese können Sie kopieren (bei Bedarf
vergrößern), ausschneiden und die Konturen
auf das Holz übertragen. Ordnen Sie alle
Bauteile Holz sparend an, aber lassen Sie
1–2 cm »Luft« zwischen den Teilen.
• Schneiden Sie die Bauteile mit der Stichsäge
entlang der Bleistiftlinien aus.

• Glätten Sie sämtliche Schnittflächen mit
Schleifpapier. Sind die Rundungen für den
Schleifblock zu eng, nehmen Sie dafür eine
Feile. Auf diese Weise werden die Kantenverbin-
dungen sauber und die Verletzungsgefahr durch
Holzspäne ist vermindert.
• Holzkanten, die sichtbar bleiben, fasen Sie ab,
das heißt, Sie schrägen sie 1–2 mm breit an. Das
sieht gefälliger aus als eine scharfe Kante.
• Nageln Sie die Teile gemäß Anleitung und
Zeichnung zusammen. Bei tragenden Teilen
(Boden und Wände) empfiehlt es sich, die
Verbindung mit Holzleim zu verstärken. Pressen
Sie geleimte Bauteile jeweils mit ein bis zwei
Schraubzwingen zusammen, bis der Leim
gehärtet ist (Dauer: siehe Verpackung).
• Gestalten Sie die Bauwerke nach Ihrer
Fantasie und so, wie es zu Ihrem Garten passt.
Unsere Vorschläge sind als Anregung gedacht.
Den Tieren ist die Gestaltung egal, solange die
Funktionalität stimmt.

WIE SIE NÜTZLICHE INSEKTEN IN IHREM GARTEN FÖRDERN

Für Schädlinge aus dem Reich der Insekten gibt es immer auch passende Gegenspieler: Marienkäfer vertilgen Blattläuse, Wespen füttern ihre Brut mit Schadinsekten, Schlupfwespen parasitieren gefräßige Larven.

DIE VIELFALT DER INSEKTEN

Insekten sind die artenreichste Gruppe in der Tierwelt und ein unverzichtbarer Bestandteil im biologischen Netzwerk. Viele ihrer Arten machen sich ganz speziell im Garten nützlich und halten Blattläuse, Spinnmilben und viele andere Pflanzenschädlinge in Schach.

Seit über 400 Millionen Jahren krabbeln und fliegen sie in der Welt umher, die Heerscharen von Insekten. Und seitdem haben sie alle ihre ökologischen Aufgaben im Naturgefüge erfüllt.

→ Freundlicher Geselle? Von wegen! Der Marienkäfer ist ein gefräßiger Feind aller Blattläuse.

Aus der Perspektive des Menschen sind sie in zwei Kategorien eingeteilt – die große Gruppe der Schädlinge sowie ihre Gegenspieler, die Nützlinge. Daneben gibt es noch die Lästlinge, sie spielen für uns Menschen eine weniger bedeutende Rolle (→ Seite 10/11). Wer möglichst viele Nützlinge im Garten hat, der kann sich glücklich schätzen. Bei wem sie noch nicht oder nicht mehr anzutreffen sind, kann sie durch einfache Maßnahmen anlocken.

Insekten als Blütenbestäuber

Ohne Bestäubung gibt es keine Samen- bzw. Fruchtbildung. Nur wenige Pflanzen überlassen es dem Wind, ihren Blütenstaub von Pflanze zu Pflanze zu tragen, etwa die Gräser oder Hasel, Birke und etliche andere Bäume. Die Mehrzahl der Pflanzen aber setzt auf Insekten als Überträger. Rund 80 Prozent aller Blüten werden dabei von Bienen und deren Verwandten bestäubt, die restlichen 20 Prozent verteilen sich auf Schmetterlinge, Käfer, Schwebfliegen und andere Insekten. Vor allem Obstbauern hätten ohne das summende Volk nur äußerst mickrige Erträge. Und auch der Kirschbaum oder Johannisbeerstrauch im Garten blieben ohne Früchte.

→ Das Insektenhotel aus Paletten bietet reichlich Brutraum für nützliche Insekten.

Natürliche Feinde von Schädlingen

Das zweite große Betätigungsfeld, auf dem sich viele Insekten nützlich und bei Gärtnern wie Landwirten gleichermaßen beliebt machen, ist das Vertilgen von Schadinsekten. Wie viele Schädlinge ihren krabbelnden und schwirrenden Zeitgenossen tagtäglich zum Opfer fallen, ist in einem ausgewogenen Garten schwer zu sagen. Es wird gewöhnlich erst dann deutlich, wenn die Nützlinge einmal ausbleiben, und sei es nur vorübergehend. In kürzester Zeit können sich die Schadinsekten dann zu einer wahren Armada entwickeln, und der Schaden, den sie an Zier- und Nutzpflanzen anrichten, ist nicht mehr zu übersehen. Gut, wenn dann ein spezialisierter Gegenspieler unter den Insekten rasch zur Stelle ist.

KÄUFLICHE DIENSTE

Bisweilen lassen Nützlinge – trotz aller Versuche, sie in den Garten zu locken – auf sich warten. Oder man braucht Nützlinge in einem geschlossenen Raum, etwa einem Gewächshaus oder einem Wintergarten, wo die Tiere der Umgebung keinen freien Zugang haben. Für solche Fälle gibt es spezialisierte Zuchtbetriebe, von denen man zwar nicht alle, aber doch eine ganze Reihe verschiedener Nützlinge beziehen kann, etwa bestimmte Arten von Florfliegen, Marienkäfern, Schlupfwespen, Raubmilben, Raubwanzen oder Erzwespen. Sofern Sie den Schädling kennen, der Ihren Pflanzen zusetzt, können Sie sich den passenden Gegenspieler per Post ins Haus schicken lassen (→ Seite 124). In Plastikdöschen oder auf Papierstreifen fixiert kommen dann, je nach Art, Eier, Larven oder schon fertig entwickelte Tierchen zu Ihnen, die Sie nur noch in der Nähe der Übeltäter ausbringen müssen. Eine solche »Hilfsbrigade« kann jedoch nur den akuten Notstand beheben.

INFO

Gefragt nach dem Nutzwert der Honigbienen fällt den meisten Menschen die Produktion von Honig und Wachs ein. Dabei sind sie als Blütenbestäuber weitaus wichtiger. Eine einfache Hochrechnung macht den Nutzwert deutlich: Bei einem durchschnittlich großen Bienenstock von 4 000 Arbeiterinnen, von denen jede pro Ausflug 70–75 Blüten besucht, ergeben sich knapp 300 000 bestäubte Blüten, wenn jede der Bienen nur einmal vom Stock losfliegt. Da an einem sonnigen Tag jede Biene aber etwa zehnmal ausfliegt, kann die Bestäubungsleistung durch das Bienenvolk bis zum Abend rund 3 Millionen Blüten erreichen.

WILDBIENEN UND CO.

Bienen, Hummeln und Wespen kennt jedes Kind. Doch es gibt von diesen Hautflüglern eine ungeahnte Fülle verschiedener Arten mit ganz unterschiedlichen Lebensweisen. Die einen sind als Bestäuber unersetzlich, die anderen sind Widersacher von Blattlaus und Co.

Während sich Wildbienen und Hummeln – neben der Honigbiene – als Blütenbestäuber im Garten unentbehrlich machen, sorgen Wespen dafür, dass dort die Schädlinge unter den Insekten nicht überhandnehmen. Voraussetzung ist allerdings, dass Wildbiene & Co. genug Möglichkeiten haben, geeignete Quartiere zu beziehen und ausreichend Nahrung für sich und ihren Nachwuchs zu finden.

→ Mit Lehmklümpchen verschließt die Rote Mauerbiene jede ihrer Brutzellen.

Fleißige Bienen

Honigbienen Quartier zu geben, überlässt man besser den Imkern. Wildbienen sollte man aber unbedingt im Garten ansiedeln. Das geht im kleinsten Hausgarten und sogar auf dem Balkon. Wildbienen bilden kein Volk wie die Honigbiene, sondern leben einzelgängerisch. Man nennt sie daher auch Solitärbienen. Allein in Deutschland gibt es über 500 verschiedene Arten, und sie sehen keineswegs alle wie typische Bienen aus. Manche haben gar keinen Pelz, sondern sind glatt und schwarz glänzend, andere erinnern mit ihrer schwarz-gelben Zeichnung eher an Wespen, wieder andere haben einen roten Hinterleib oder blaue Flügel. Auch in ihrer Lebensweise unterscheiden sie sich von der Honigbiene. Für den Bau der Nester und die Versorgung ihrer Brut mit Nahrung ist eine Solitärbiene ganz auf sich allein gestellt. Die verschiedenen Arten gehen die Aufgabe auf unterschiedliche Weise an. Sandbienen etwa buddeln ihre Nester im Sand zwischen Pflastersteinen, Holzbienen nagen Brutröhren in

Totholz, und manche Mauerbienen nisten in Lehmwänden oder in Fugen von Ziegelmauern. Solitärbienen findet man oft an Blüten, wo sie Pollen und Nektar sammeln. Dabei bestäuben sie die Blüten und leisten ähnlich gute Dienste wie die Honigbiene. Die Biene selbst lebt vom Nektar, der Pollen dient als »Babynahrung«. Zunächst nagt oder gräbt die Wildbiene eine Niströhre oder sie reinigt zumindest eine alte Röhre vom Vorjahr. Je nach Bienenart umfasst so eine Nestanlage 4–40 Brutzellen, die meist in einer Reihe hintereinanderliegen. Jede dieser Zellen wird mit Pollenvorrat gefüllt, der mit etwas Blütennektar oder Speichel getränkt und zu einem Klümpchen zusammengedrückt wird. Auf diesen nahrhaften »Kuchen« legt die Biene ein einziges Ei und verschließt die Zelle. So füllt sie eine Zelle nach der anderen, bis die Brutröhre voll ist und zuletzt mit einem Pfropfen verschlossen wird. Dieser besteht aus selbst gesponnenem Seidengewebe, aus Blattstückchen oder etwas Lehm. Die Biene arbeitet unermüdlich, um in ihrem wenige Wochen kurzen Leben

→ Frühlingsblumen sind wichtig: Sie bieten den ersten Bienen wertvolles Futter.

so viele Nester wie möglich fertigzustellen. Im Inneren der Brutzellen schlüpfen nach einigen Wochen die Larven. Sie finden sich in einem Schlaraffenland, in dem sie nur zu fressen brauchen. Ist der Vorrat verzehrt, verpuppen sie sich. Viele überwintern in diesem Stadium und schlüpfen im nächsten Frühjahr als fertige Biene. Der Kreislauf beginnt von Neuem.

WILDBIENEN ANLOCKEN

Anlocken können Sie die bunte Schar der Wildbienen, indem Sie ihnen im Garten das bieten, was sie brauchen: Nahrungspflanzen und geeignete Strukturen für ihre Brutröhren. Nur wenige Wildbienen sind spezialisiert auf ganz bestimmte Pflanzen als Pollenlieferanten. Das bedeutet, je bunter die Pflanzenwelt im Garten ausfällt, desto mehr verschiedene Wildbienenarten finden dort Nahrung. Achten Sie bei der Zusammenstellung der Pflanzen aber darauf, dass über einen möglichst langen Zeitraum des Jahres etwas blüht. So profitieren die unterschiedlichsten Bienenarten. Da Bienen jedoch allesamt nur ziemlich kurze Saugrüssel haben, können sie Nektar nur in flachen Blüten oder in solchen mit weiter Kronröhre erreichen. Als gute Futterpflanzen für Wildbienen gelten deshalb zum Beispiel Christrosen *(Helleborus)*, Krokus *(Crocus vernus)*, Zier- und Gemüselauch *(Allium)*, Glockenblumen *(Campanula)*, Stockrose *(Alcea rosea)*, Gilbweiderich *(Lysimachia)*, Fingerkraut *(Potentilla)*, Malven *(Malva)*, Edeldisteln *(Eryngium)*, Clematis-Arten *(Clematis)* oder Brombeere *(Rubus fruticosus)*, außerdem die meisten Blütensträucher.

Wie bei den Futterpflanzen gilt auch bei den Nistgelegenheiten: Je mehr unterschiedliche Möglichkeiten im Garten zu finden sind, desto mehr verschiedene Bienenarten werden sich einquartieren. »Insektenhotels« aus diversen Materialien und, ganz wichtig, mit verschiedenen Gangdurchmessern bieten vielen Arten begehrte »Apartments« an (→ Seite 40–45). Freie, sandige Stellen im Garten oder auch im

→ Diese Blume heißt zwar »Bienenfreund«, doch auch Gartenhummeln bedienen sich gern an ihr.

Balkonkasten geben zum Beispiel Sandbienen Gelegenheit, ihre Niströhren zu graben. Mit einigen ausgelegten leeren Schneckenhäusern

verhelfen Sie so manchen Mauerbienenarten zu passenden Quartieren. Aber auch einen Totholzhaufen in der Gartenecke weiß eine ganze Reihe von Bienenarten zu schätzen, die in das morsche Holz Gänge nagen.

KANN SIE STECHEN ODER NICHT?

Dass Honigbienen und Wespen stechen, weiß jeder. Bei Hummeln sieht die Sache schon anders aus. Viele können nicht mit Bestimmtheit sagen, ob die dicken Brummer stechen können oder nicht. Vollends unsicher wird die Geschichte bei solitär lebenden Wildbienen und Wespen. Biologen fassen sie alle zur Gruppe der Wehrimmen zusammen. Das altmodische Wort besagt schon, was zu befürchten war: Sie haben einen Giftstachel. Da er aus einer umgestalteten Eiablageröhre besteht, können nur die Weibchen stechen. Zum Eierlegen haben sie übrigens extra eine neue Legevorrichtung ausgebildet.

Der Stachel aber ist bei den verschiedenen Arten ganz unterschiedlich stark entwickelt. Bei der Honigbiene und den Echten Wespen wurde er zu einer veritablen Waffe, mit der sie sogar große Wirbeltiere in die Flucht schlagen können. Bei der weitaus größten Zahl der Wildbienen ist er dagegen so kurz und schwach, dass er die menschliche Haut nicht durchdringen kann. Mit anderen Worten: Diese Tiere sind für uns völlig harmlos. Das ist speziell für Eltern beruhigend, deren Kinder mit den Nasen dicht vor dem selbst gebauten Insektenhotel stehen und die dortigen Gäste beobachten wollen.

Die dicken Hummeln

Die dicken Verwandten der Bienen wirken immer irgendwie gemütlich, wenn sie langsam und mit tiefem Brummgeräusch von Blüte zu Blüte fliegen. Dabei sind sie ebenso wichtige Bestäuber wie die Bienen. Weil sie durch Zittern

→ Es ist vor allem den Bienen zu verdanken, wenn die Apfelbäume im Sommer Früchte tragen.

der Flugmuskulatur ihre Körpertemperatur aktiv um einige Grad zu erhöhen vermögen, können sie sogar schon unterwegs sein, wenn es den Bienen noch zu kalt ist.

Weil Hummeln einen im Vergleich zu Bienen sehr langen Rüssel haben, saugen sie Nektar auch aus tiefen Blüten mit engen Kronröhren. So fliegen sie zum Beispiel Rotklee *(Trifolium pratense)* an, ebenso Salbei-Arten *(Salvia)* oder das Löwenmäulchen *(Antirrhinum majus)*. Der Pollen bleibt im dichten Pelz der Hummel hängen. Gelegentlich hilft die Hummel nach, indem sie sich an einem Blütenblatt festbeißt und kräftig mit den Flügeln schlägt. Die Vibration erschüttert die Staubgefäße so, dass weiterer Pollen herabrieselt. Vor dem Weiterflug kämmt sich die Hummel den Blütenstaub aus dem Pelz, durchmischt ihn mit etwas Nektar und klebt ihn sich an die Hinterbeine, wo lange Borstenhaare eine Art Tasche bilden. Am Ende sieht die Hummel schließlich aus, als hätte sie eine gelbe Pluderhose an.

Die Pollenpäckchen sind die Nahrung für die heranwachsende Brut des Volks und werden in den gemeinsamen Bau gebracht. Hummeln sind sozial lebende Insekten, bei denen aber im Gegensatz zur Honigbiene nicht das gesamte Volk, sondern nur die Königin überwintert. Im Frühjahr leistet diese enorme Arbeit, um ein neues Volk zu gründen. Im Alleingang muss sie ein Quartier finden und gegebenenfalls gegen Konkurrentinnen verteidigen, weiches Polstermaterial hineintragen und erste Vorräte anlegen. Dann legt sie rund ein Dutzend Eier und schleppt Nahrung für die Larven herbei. Erst, wenn die ersten Arbeiterinnen geschlüpft und ausgeflogen sind, kann sie sich auf das Eierlegen konzentrieren, während die Arbeiterinnen die »Außenjobs« erledigen. So wächst bis zum Sommer das Volk auf 100–600 Tiere heran, je nach Hummelart. Schließlich entsteht eine Generation junger Königinnen, die das Nest verlässt. Im Herbst graben sie sich in weiche Erde oder Kompost ein, um zu überwintern, während der alte Hummelstaat zugrunde geht.

HILFE FÜR HUMMELN

Zwar leben allein in Deutschland 36 verschiedene Hummelarten, doch deren Ansprüche an Nistplätze sind im Großen und Ganzen recht ähnlich: Ein warmer, aber nicht zu heißer, geschützter Hohlraum soll es sein, möglichst mit trockenem, weichem Material ausgepolstert. In der Natur dürfen es Höhlungen unter Baum-

→ Ein Insektenhotel zu basteln ist spannend: Wer dort wohl einziehen wird?

stämmen ebenso sein wie Vogelnistkästen oder Mäusenester. Wenn Sie Hummeln im Garten ansiedeln möchten, können Sie einen Hummelkasten auch selber bauen (→ Seite 46/47). Stellen Sie ihn am besten schon ab März im Garten auf, wenn die vom Winterschlaf erwachten Königinnen auf der Suche nach einem geeigneten Quartier umherfliegen. Es macht viel Spaß, aus nächster Nähe zu beobachten, wie sich ein Hummelvolk im Kasten entwickelt.

Apropos aus nächster Nähe: Entgegen einer recht weitverbreiteten Meinung sind Hummeln durchaus in der Lage zu stechen. Das Sympathische an Hummeln allerdings ist, dass sie es so gut wie niemals tun, solange Sie nicht direkt in ihr Nest hineingreifen.

Die bunte Schar der Wespen

Was die meisten Menschen als Wespe kennen, sind die gelb-schwarz geringelten Lästlinge, die sich auf der Terrasse über Kuchen und Aufschnittplatte hermachen. Dabei handelt es sich um zwei sehr ähnliche Arten, die Gemeine Wespe *(Vespula vulgaris)* sowie die Deutsche Wespe *(Vespula germanica)*. Leider haben die beiden mit ihrer Naschhaftigkeit der ganzen Wespen-Sippschaft ein schlechtes Image verschafft. Und diese Sippschaft ist groß. Allein in Deutschland sind über 1 000 Arten bekannt, darunter acht sozial lebende Arten, rund 750 einzelgängerische Pflanzenwespenarten und unzählige Schlupfwespenarten (→ Info).

STAATENBILDENDE WESPEN

Sämtliche sozial lebenden Wespenarten bilden nur Sommerstaaten, das heißt, wie bei den Hummeln überwintern allein die Königinnen. Diese gründen im Frühjahr neue Völker, indem sie mit dem Bau eines Nests beginnen und die ersten Arbeiterinnen großziehen. Das Nest aus einer Art Papiermaschee hängt wie ein runder Lampion in einem größeren Hohlraum, ob Dachboden, Nistkasten oder Gartenhäuschen, wächst Schicht um Schicht mit dem Anwachsen des Wespenvolks und beherbergt zuletzt einige Hundert bis einige Tausend Individuen, je nach Wespenart. All diese Wespen machen Jagd auf andere Insekten. Doch im Herbst ist Schluss damit. Die Arbeiterinnen sterben ab. Übrig bleiben nur die Jungköniginnen, die an einem geschützten Ort überwintern.

HORNISSEN, GEFÄHRLICHE MONSTER?

Allein schon durch ihre Größe von 2,5 cm – Königinnen messen bis zu 3,5 cm – und ihr tiefes Brummen, wenn sie im Anflug ist, flößt die Hornisse Angst oder doch zumindest Respekt ein. Dabei zeichnet sich diese größte

INFO

Die schlanken, langbeinigen, oft auffällig bunten Schlupfwespen sind besondere Wespen. Die erwachsenen Tiere leben von Nektar, Honigtau und Pflanzensäften, ihre Larven von Insektenkindern. Die Schlupfwespe platziert ihre Eier mit dem Legebohrer in Larven oder Puppen anderer Insekten. Diese saugen oder fressen weiter, während die Schlupfwespenlarven sich in ihrem Inneren von ihren Körpersäften ernähren. Erst am Ende ihrer Entwicklung töten sie ihre Wirtstiere und schlüpfen.

seines Nachwuchses. Je nach Art buddeln sie zum Beispiel Nestkammern in den Sand, nagen Gänge in morsches Holz oder in markhaltige Pflanzenstängel oder kleistern kleine Nistkammern aus Lehmklümpchen an eine Wand. Anders als die Bienen aber versorgen sie ihre Larven nicht mit Pollennahrung, sondern mit Insekten. Das können, je nach Art, Blattläuse sein, aber auch Raupen, Käfer, Fliegen oder andere Insekten, die mit einem Stich gelähmt und in die Brutröhre gestopft werden. Solitärwespen finden sich oft auch an Insektenhotels ein – wo sie oft gar nicht als solche erkannt werden, weil viele Arten nicht wie typische schwarz-gelbe Wespen aussehen. Dort lässt es sich gut beobachten, wie sich die Tiere mit ihrer oft erstaunlich großen Beute abmühen.

unserer heimischen sozialen Wespen durch einen friedfertigen Charakter aus. Wenn sie nicht gequetscht wird oder ihr Nest verteidigt, flieht sie, statt zu stechen. Selbst wenn man tatsächlich gestochen würde, wäre das nicht schlimmer als der Stich einer Biene oder einer »normalen« Wespe. Nur schmerzt der Hornissenstich wegen des längeren und kräftigeren Stachels und der größeren Giftmenge mehr. Dass drei Stiche aber einen Menschen töten können, gehört ins Reich der Märchen – Allergiker ausgenommen. Da Hornissen reine Fleischfresser sind, werden sie nicht an der Kaffeetafel lästig wie die Wespen. Höchstens macht eine Hornisse über dem Obstkuchen Jagd auf Wespen oder Fliegen. Ihre Beute trägt sie aber umgehend fort, um sie auf einem Zweig sitzend zu verspeisen oder um sie zu ihrem Nest zu bringen.

SOLITÄR LEBENDE WESPENARTEN

Wie bei den Solitärbienen sorgt auch bei den solitären Wespen jedes Weibchen als Einzelkämpfer für die Unterbringung und Ernährung

→ Die bunte Schlupfwespe *Rhyssa persuasoria* erreicht über 3 cm Körperlänge.

INSEKTENHOTEL AUS HOLZ

MATERIAL

1 Brett: 80 × 40 × 2 cm • 36 Nägel: 35 mm lang • Holzleim • Farbe: rot und rosa • Füllmaterial: Baumscheiben,
dickere Äste, Strohhalme, Binsen, Bambusstäbe, markhaltige Zweige, z. B. Holunder oder Brombeere

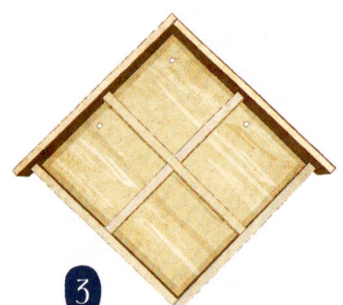

• Alle Teile zusägen (→ Extra-Heft, Seite 2). Anschließend sägen Sie
in die Mitte der beiden Trennwände je einen 5 cm tiefen und
2 cm breiten Ausschnitt (→ Skizze) und stecken die beiden Wände
zu einem Kreuz zusammen.

• In die Rückwand bohren Sie drei Löcher mit 1 cm Durchmesser.
Sie dienen zum Aufhängen des Insektenhotels. Leimen Sie dann das
Kreuz an die Rückwand und nageln es zusätzlich von hinten fest.
Anschließend befestigen Sie Dachflächen und Bodenteile auf die
gleiche Art (→ Skizze).

• Bemalen Sie Außenwände und Kanten laut Foto. Dann hängen Sie
das Insektenhotel an eine geschützte Wand. Verwenden Sie dazu
kräftige Haken, das Bauteil ist relativ schwer.

• Bestücken Sie nun die Fächer mit Nistmaterial. Baumscheiben
und dickere Äste versehen Sie zuvor mit unterschiedlich großen
Bohrlöchern von 5–10 mm Durchmesser. Diese dürfen das Holz
nicht ganz durchdringen, sondern enden als »Sackgassen«.
Strohhalme, Binsen etc. schneiden Sie in 10 cm lange Stücke und
legen sie in Bündeln in die Fächer. Alle Hohlräume sollten vollstän-
dig gefüllt sein, damit der Wind keine Teile herausreißen kann.

TIPP

Hängen Sie das Regal an eine vollsonnige, möglichst regengeschützte
Mauer. Ideal ist eine nach Süden ausgerichtete Balkonwand oder die
Wand eines Gartenhäuschens mit größerem Dachvorsprung.

→ Seite 2 im Extra-Heft

Alles unter einem Dach! Wildbienen nisten in Ästen, Holz und Halmen.

INSEKTENHOTEL MIT LEHM

MATERIAL

5 Bretter: 80 × 40 × 2 cm • 40 Nägel: 35 mm lang • 16 Schrauben: 3,5 × 35 mm • Holzleim •
1 Schilfmatte • Hasengitter: 54 × 45 cm • 2 Lochziegelsteine • 1 Ytong-Stein • Töpferton (ca. 5 kg für
2 Fächer) oder 1 Eimer lehmige Gartenerde • Kiefernzapfen • Holunderzweige

• Verwenden Sie ein fertiges Regal, z. B. vom Flohmarkt (→ Foto),
oder bauen Sie ein ähnliches Regal, wie hier beschrieben, selbst.

• Alle Teile zusägen (→ Extra-Heft, Seite 3). Leimen und nageln Sie
den Regalboden mit 5 cm Abstand zur Unterkante der Seitenwände
zwischen die Seitenwände. Dann arbeiten Sie von unten nach oben
weiter (→ Skizze): Nageln Sie an der Unterseite jedes Zwischenbo-
dens die Zwischenwände fest (Abstände → Extra-Heft, Seite 3).
Leimen und schrauben Sie die Böden anschließend an die Seitenwände. Zuletzt leimen und nageln Sie Rückwand und Dach fest.
Schneiden Sie ein Stück (64 × 22 cm) aus der Schilfmatte und
tackern Sie es leicht überstehend auf das Dach.

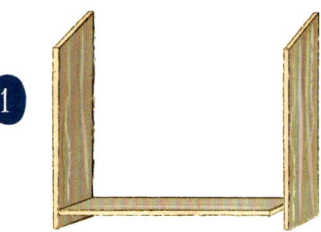

• Das Regal eignet sich zum Aufstellen. Soll es an einer Wand
hängen, bohren Sie am oberen Rand der Rückwand zwei Löcher für
Aufhängehaken. Das Regal ist relativ schwer, befestigen Sie deshalb
die Haken mit Dübeln in der Wand.

• Bestücken Sie zwei der Fächer mit Lochziegeln. Sägen Sie den
Ytong-Stein passend für zwei Fächer zu und bohren Sie Brutröhren
(Ø 0,6–1 cm) hinein. Auch den Töpferton (Bastelbedarf) schneiden
Sie zurecht, bohren Brutröhren hinein und lassen ihn einige Tage
trocknen. Alternativ streichen Sie ein oder zwei Fächer mit lehmiger
Erde aus. Zum Füllen von Lücken eignen sich Kiefernzapfen,
Holunderäste sowie Stücke der aufgerollten Schilfmatte. Schieben
Sie alles so tief ins Regal, dass dieses ca. 2 cm übersteht.

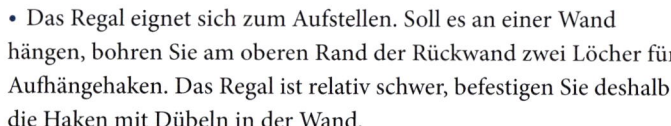

→ Seite 3 im Extra-Heft

• Tackern Sie das Hasengitter an die Vorderseite des Regals. Es hält
Vögel auf Abstand zu den Wildbienen-Larven in den Brutröhren.

Fachgerecht! Jedes Regalfach ist eine optimale Kinderstube für Wildbienen.

Zimmer frei

WOHN-KONSERVE FÜR WILDBIENEN

SCHALE FÜR SANDBIENEN

Blumenschale, mind. 10 cm hoch • Mischung aus Sand und Lehm im Verhältnis 1:1 • Pflanzen für sonnige Standorte • leere Schneckenhäuser

• Füllen Sie die Schale mit dem Sand-Lehm-Mix und drücken Sie das Substrat gut fest.

• Setzen Sie einige Pflänzchen, die volle Sonne vertragen, in die Schale. Knapp die Hälfte der Fläche bleibt frei. Dort können die Bienen ihre Brutröhren graben.

• Für Wildbienen-Arten, die ihre Brutzellen in leeren Schneckenhäusern unterbringen, legen Sie einige Schneckenhäuser so in die Schale, dass die Öffnung gut für sie zugänglich ist.

TIPP

Wildbienen mögen es warm! Platzieren Sie alle Nisthilfen für die nützlichen Brummer daher immer an einer vollsonnigen Stelle im Garten.

MATERIAL

Hübsche Blechdosen, mind. 10 cm hoch • Schrauben • Schilfhalme

• In die gut gereinigten Blechdosen jeweils am Boden ein Loch bohren, damit Sie sie später mit einer Schraube an einer Wand befestigen können.

• Schilfhalme mit einer Gartenschere entsprechend der Dosenhöhe zuschneiden. Sie sollten nicht über den Dosenrand ragen.

• Dosen an eine Haus- oder Holzwand schrauben und dicht mit den Schilfhalmen befüllen.

SCHILF-MOBILE

MATERIAL

Schilfmatte, ca. 1 m breit •
Kordel • Geschenkband

• Schilfmatte zu einer 7–8 cm
dicke Rolle aufwickeln und mit
einem Seitenschneider von der restlichen Matte abschneiden.

• Rolle je zwischen zwei Drähten
der Matte mit Kordel zusammenbinden. Mit der Gartenschere so in
20–25 cm Stücke teilen, dass das
Schilf jeweils 2–3 cm über die
Drähte hinausragt.

• Die Rollen mit einem schönen
Geschenkband aneinanderbinden
und wie ein Mobile in einen Baum
hängen.

STEINHAUS FÜR WILDBIENEN

MATERIAL

1 Ytong-Stein: 30 × 20 × 15 cm •
2 Holzplatten: 19 × 20 cm •
Winkelleiste, 2,5 cm: 20 cm •
Farbe: rosa, grün, weiß • Strohhalme • Kontaktkleber

• Stein in Haus-Form mit 20 cm
hoher Seitenwand zusägen. Mit
einem dünnen Bohrer die
Konturen von Fenstern und Tür
markieren. Im Inneren der Tür-
und Fensterflächen verschieden
dicke, 10–12 cm tiefe Löcher
(Ø 6–10 mm) bohren. Dickere
Löcher mit Strohhalmen füllen.

• Das Haus rosa, das Dach grün
und die Firstleiste weiß streichen.
Zum Schluss Holzplatten und
Winkelleiste mit Kontaktkleber
als Dach aufkleben.

HUMMEL-BURG

MATERIAL

3 Bretter: 80 × 40 × 2 cm • 1 Brett: 46 × 46 × 2 cm • Vierkant-Leiste, 2 × 2 cm: 80 cm; 1 × 1 cm: 18 cm; 5 × 1 cm: 8 cm • 4 Holzklötzchen (Reste) • Dachpappe: 60 × 60 cm & 30 Nägel • 1 Karton: 25 × 25 × 25 cm • 1 Pappe: 24 × 24 cm • 1 Papp-/ Kunststoffröhre: Ø 3,5 cm, ca. 20 cm • doppelseitiges Klebeband • 40 Nägel: 35 mm • Holzleim • Kleintierstreu, Kapok • Farbe: weiß, grün, gelb • 1 Stück Gaze

• Alle Teile zusägen (→ Extra-Heft, Seite 4). In alle Wände oben 1–2 cm große Belüftungslöcher bohren, in die Vorderwand das Eingangsloch (Ø 3,5 cm) sägen. Boden, Wände und Füßchen laut Skizze zusammenbauen. Dachpappe um das Dach schlagen, mit Dachpappennägeln fixieren. Auf der Dachunterseite, je 5 cm vom Rand entfernt, die Leisten (2 × 2 cm) festnageln. So verrutscht das Dach nicht. Links, rechts und über dem Eingang nageln oder leimen Sie die kleinen Leisten (1 × 1 cm) fest. Unterhalb des Lochs befestigen Sie ein Stück Leiste (5 × 8 cm) als Landebrettchen.

• Bohren Sie auch in den Karton (Nistkammer) am oberen Rand ringsum Belüftungslöcher. In die Vorderseite schneiden Sie ein Eingangsloch (Ø 3,5 cm), aber 2–3 cm tiefer als im Holzkasten. Um parasitierenden Wachsmotten den Zugang zum Nest zu erschweren, alle Lüftungslöcher mit Gaze hinterkleben. Füllen Sie die Schachtel 5 cm hoch mit Kleintierstreu. Darüber bis auf Höhe des Eingangslochs Kapok (→ Seite 124) legen und obenauf ein Stück Pappe, auf das Sie mittig einen Griff kleben (Holz- oder Kartonstück). Die Pappe verkleinert die Kammer, solange das Volk klein ist. Nach einigen Wochen die Pappe entfernen. Karton in den Kasten stellen, die Röhre durch beide Eingänge stecken und mit Klebeband im Loch des Kastens fixieren. Dach auflegen.

• Bemalen Sie das Häuschen weiß, den Eingang farbig, das erleichtert Hummeln die Orientierung. Vermeiden Sie Rot, denn Hummeln sind rotblind. Mithilfe der Schablone (→ Seite 123) das Blütenmotiv aufbringen. Platzieren Sie die Burg im Halbschatten. Später nicht mehr umstellen, die Tiere finden sonst ihr Nest nicht wieder.

→ Seite 4 im Extra-Heft

IM PORTRÄT

Die Schar unserer heimischen Wildbienen und Wespen ist riesig. Die hier vorgestellten Arten gehören zu den besonders häufigen oder markanten Arten. Sie können sie ganz einfach erkennen und ihnen im Garten wirksame Unterstützung gewähren.

GEHÖRNTE MAUERBIENE

Typ: solitär • Flugzeit: März – Ende Juni

Kennzeichen: Pummelig und pelzig wie eine kleine Hummel, Hinterleib rostrot behaart, Weibchen sonst ganz schwarz, Männchen mit weißer Gesichtsbehaarung.
Lebensweise: Oft im Siedlungsbereich anzutreffen; baut Nester in Löcher in Mauerspalten und Ritzen in Fensterrahmen, Rollläden oder Verputz.
Das lockt sie an: Nisthilfen mit Löchern von 7–9 mm Durchmesser (→ Seite 42–43 und 45).

GROSSE WOLLBIENE

Typ: solitär • Flugzeit: Anfang Juni – Mitte Okt.

Kennzeichen: Schwarz-gelbe Zeichnung, gelbe Streifen reichen nicht bis zur Rückenmitte; Körperoberseite nur gering behaart.
Lebensweise: Legt Brutzellen in vorgefundenen Röhren an (Mauern, Holz, Boden). Gräbt nicht selbst. Verschließt die Zellen mit Pflanzenwolle (Name!), die sie von Pflanzenstängeln abschabt.
Das lockt sie an: Nisthilfen mit 6–8 mm weiten Löchern (→ Seite 40–45); wollig behaarte Pflanzen (Wollziest, Pelargonien, Löwenmäulchen).

BLATTSCHNEIDERBIENE

Typ: solitär • Flugzeit: Mai – Sept.

Kennzeichen: Eher schlank, Brust beige behaart, Hinterleib oben schwärzlich, unten mit dichter Haarbürste, nach Blütenbesuch von Pollen gelb oder orange gefärbt.
Lebensweise: Nester in Fraßgängen in Totholz oder hohlen Pflanzenstängeln; kleidet die Brutzellen mit Blattstücken aus und verschließt sie.
Das lockt sie an: Nisthilfen mit 6–8 mm Lochweite (→ Seite 40–45).

FUCHSROTE SANDBIENE

Typ: solitär • Flugzeit: März – Ende Mai

Kennzeichen: Dicht pelzig behaart, auf der Körperoberseite rostrot, an Bauch und Beinen schwarz.
Lebensweise: Gräbt ihre Nester an trockenen, sandigen Stellen in den Boden, manchmal in größeren Kolonien.
Das lockt sie an: Freie, sandige Bodenstellen im Garten, die nicht betreten werden; alternativ Sandschalen aufstellen.

BLAUE HOLZBIENE

Typ: solitär • Flugzeit: April – Aug.

Kennzeichen: Über 2 cm groß, hummelartig dick, Körper schwarz, Flügel blau schillernd.
Lebensweise: Steht bei der Nahrungssuche oft kolibriartig vor den Blüten in der Luft. Beißt Nistgänge (1,5 cm breit) in Totholz.
Das lockt sie an: Längs halbiertes Totholzstammstück an sonniger Stelle. Braucht keine bestimmten Futterpflanzen, liebt aber besonders Blauregen.

STEINHUMMEL

Typ: sozial • Flugzeit: März – Sept.

Kennzeichen: Groß, dicht behaart, Körper schwarz, Hinterleibsspitze leuchtend orangefarben. Männchen mit weißlich oder gelblich behaarter Brust.
Lebensweise: Besiedeln Bodenlöcher (alte Mäuselöcher) oder Spalten zwischen Steinen oder in Holzhaufen.
Das lockt sie an: Hummelnistkasten (→ Seite 46/47) aufstellen, Haufen aus Lesesteinen oder Baumschnitt im Garten liegen lassen.

GARTENHUMMEL →

Typ: sozial • Flugzeit: März – Okt.

Kennzeichen: Dick, stark behaart, drei gelbe Streifen, weiße Hinterleibsspitze.
Lebensweise: Königin fliegt ab März, Arbeiterinnen ab Mai. Baut Nester in alten Mäuselöchern, verlassenen Vogelnestern, Höhlungen in Schuppen oder ähnlichem.
Das lockt sie an: Hummelnistkasten (→ Seite 46/47); Pflanzen mit tiefer Blütenröhre (Lippenblütler und Schmetterlingsblütler).

GEMEINE WESPE

Typ: sozial • Flugzeit: April – Okt.

Kennzeichen: Schwarz-gelb gestreift, breiter schwarzer Strich auf der gelben Stirn; sehr ähnlich die Deutsche Wespe, jedoch mit drei schwarzen Punkten auf der Stirn.
Lebensweise: Die Königin beginnt Nestbau im Frühjahr in engen, geschützten Hohlräumen wie etwa auf Dachböden oder hinter Verschalungen. Die Arbeiterinnen setzen ihn später fort.
Das lockt sie an: Kommen von selbst in den Garten. Es genügt, sie nicht zu vertreiben.

HORNISSE

Typ: sozial • Flugzeit: April – Okt., geschützte Art

Kennzeichen: Wie übergroße Wespe, Brust und Beine rotbraun, Fluggeräusch ein tiefes Brummen.
Lebensweise: Die Königin baut im Frühjahr Nest aus zerkautem Holz, in Astlöchern, Vogelnistkästen; Arbeiterinnen setzen den Bau fort.
Das lockt sie an: Leer stehende Vogelnistkästen. Im Handel gibt es spezielle Hornissen-Nistkästen.

GROSSE LEHMWESPE

Typ: solitär • Flugzeit: Juni – Aug.

Kennzeichen: Mit 2–2,5 cm Körperlänge auffällig groß, Zeichnung gelb-schwarz-rot, Beine lang und rot, stielartige Verbindung zwischen Hinterleib und Brust.
Lebensweise: Baut Nester aus Lehm an Felsen, Mauern und Hauswänden. Die Brutzellen werden mit Motten-Raupen als Larvenfutter bestückt.
Das lockt sie an: Schalen mit feuchtem Lehm aufstellen, im Blumenbeet oder Balkonkasten ein Fleckchen lehmige Erde brachliegen lassen.

BLATTLAUS-GRABWESPE

Typ: solitär • Flugzeit: Mai – Sept.

Kennzeichen: Nur 6–8 mm groß, glänzend schwarz. Hinterleib schlank, durch kurzen Stiel von der Brust abgesetzt.
Lebensweise: Legt Brutröhren in markhaltigen Pflanzenstängeln oder Fraßgängen von Käfern in altem Holz an. Jede Larvenzelle wird mit bis zu 60 Blattläusen befüllt.
Das lockt sie an: Nisthilfen aus Stängeln mit 3–5 mm engen Röhren (Schilf, Holunder).

SCHWEBFLIEGEN

Schwirrend steht ein schwarz-gelbes Insekt in der Luft vor dem Blumenstrauß auf dem Gartentisch. Keine Sorge! Es handelt sich um eine harmlose Schwebfliege, die nur vorgibt, eine wehrhafte Wespe zu sein. Doch ihre Larven sind berüchtigte Blattlauskiller.

Schwebfliegen haben vielerlei Gesichter. Sie können bunt schillernd, blauschwarz oder grau sein oder aber ein kontrastreiches, oft schwarz-gelbes Streifenmuster tragen. Sie sind dick oder dünn,

→ Keine Schönheit, aber nützlich: Die Larven der Schwebfliegen ernähren sich von Blattläusen.

glatt oder dicht behaart. Rund 400 verschiedene Arten gibt es allein in Deutschland, weltweit sind es an die 5 000. Viele von ihnen ahmen in

ihrem Äußeren irgendein wehrhaftes Insekt nach – obwohl sie selbst »keiner Fliege etwas zuleide tun« können.

Mehr Schein als Sein

Mimikry nennt man die raffinierte Taktik, sich an ein gefährliches Vorbild anzugleichen, ohne selbst über irgendwelche Waffen zu verfügen. Allein damit, dass Schwebfliegen wie Wespen, Bienen oder Hummeln aussehen, halten sie sich all diejenigen Fressfeinde erfolgreich vom Leib, die mit den wehrhaften Vorbildern schon üble Erfahrungen gemacht haben und sich deshalb hüten, jemals wieder Jagd auf sie zu machen.

DER KLEINE UNTERSCHIED

Wenn man weiß, worauf man achten muss, ist es allerdings gar nicht so schwer, wehrhafte Wespen und harmlose Schwebfliegen auseinanderzuhalten.
Wenn eine Schwebfliege sitzt, kann man gut sehen, dass sie nur ein Paar Flügel hat, genau wie unsere Stubenfliege. Im Gegensatz zur

→ Doldenblütler gelten oft als Unkraut, doch bei Schwebfliegen sind sie als Futterpflanzen begehrt.

Florfliege (→ Seite 56) heißt sie nämlich nicht nur Fliege, sondern ist tatsächlich eine. Und Fliegen haben alle nur zwei Flügel. Wespen, die zu den Hautflüglern zählen, sind hingegen mit zwei Flügelpaaren, also mit insgesamt vier Flügeln ausgestattet.

Außerdem fallen bei einer Schwebfliege die riesigen, kugelförmigen Komplexaugen auf. Sie sind so groß, dass sie oben am Kopf zusammenstoßen. Eine Wespe hat viel kleinere Komplexaugen, die durch eine breite Stirn getrennt sind. Wenn Sie genau hinsehen, können Sie außerdem erkennen, dass eine Wespe über kräftige Kieferzangen verfügt, während die Schwebfliege nur einen stempelförmigen Saugrüssel trägt, mit dem sie niemandem Schaden zufügen kann. Zugegeben, sobald eine Schwebfliege in die Luft abhebt, lassen sich all diese Merkmale nur noch schwer ausmachen. Aber auch dann gibt es eine klare Möglichkeit, sie von den Wespen zu unterscheiden: Schwebfliegen können in der Luft stehen wie ein Kolibri oder ein Hubschrauber. Und wenn sie sich von der Stelle bewegen, tun sie das, indem sie Haken schlagen. Verglichen damit fliegen Wespen regelrecht schwerfällig. Sie peilen ihr Ziel geradewegs an und surren pendelnd darauf zu.

SCHEWEBFLIEGEN SIND NÜTZLICH

Erwachsene Schwebfliegen ernähren sich ausschließlich von Pollen und Nektar. Emsig düsen sie von Blüte zu Blüte auf der Suche nach Nahrung. Bei uns in Mitteleuropa stellen sie damit neben den Bienen die wichtigste Bestäubergruppe dar. Vor allem im Obstgarten tun sie ihr segensreiches Werk als Bestäuber von Obstbäumen und Beerensträuchern. Wenngleich ihr Verdienst, den sie an unserem Ernteertrag haben, nicht an den der Bienen heranreicht, ist er doch nicht zu unterschätzen.

INFO

Schwebfliegen schlagen im Flug so schnell mit den Flügeln, dass für das menschliche Auge allenfalls eine flirrende Fläche wahrnehmbar ist. Sie bringen es auf bis zu unvorstellbare 300 Flügelschläge pro Sekunde. Zum Vergleich: Ein Schmetterling fliegt mit einer Schlagfrequenz von etwa 5, eine Libelle mit rund 50 und ein Kolibri mit bis zu 90 Flügelschlägen pro Sekunde.

Biologen fanden heraus, dass wohlgenährte Weibchen deutlich mehr Eier ablegen als schwächere Tiere. Je nach Schwebfliegenart können das 500 Eier und mehr sein. Mit einem reichen, vielfältigen Blumenschmuck im Garten, dessen Pollen und Nektar für den Schwebfliegenrüssel gut zugänglich ist, können Sie dem Schwebfliegen-Nachwuchs also auf die Sprünge helfen (→ Seite 55, Tabelle).

Für Gartenfreunde aber ist der eigentliche Nützling die Schwebfliegenlarve. Der Großteil von ihnen hat mit Vegetarischem rein gar nichts am Hut, sondern steht auf Blattläuse. Während ihrer ein- bis zweiwöchigen Entwicklungszeit kann eine einzige Larve, abhängig vom Wetter und von der Schwebfliegenart, 400–700 Blattläuse vertilgen.

Eine Schönheit ist so eine Larve allerdings wahrlich nicht: ein bis zu 2 cm großes, plumpes, beinloses Wesen ohne erkennbaren Kopf, dafür mit Warzen auf dem Rücken und klebrigem Schleim auf dem ganzen Körper. Die blinde Larve kriecht über Blätter und Stängel und tastet mit pendelnden Bewegungen nach Blattläusen. Stößt sie auf eine Laus, rammt sie ihr ihre Mundwerkzeuge in den Leib, saugt sie aus, und es dauert keine zwei Minuten, bis von der Laus nur noch eine schlaffe Hülle übrig ist.

Der Vollständigkeit halber sei erwähnt, dass es auch Schwebfliegenarten gibt, deren Larven sich ausschließlich von pflanzlichem Gewebe ernähren oder gar von Fauligem oder Dung. Die dicke Mistbiene (*Eristalis tenax*) zählt zu dieser Schwebfliegengruppe. Aber auch diese Arten machen sich nützlich, nämlich als Abfallverwerter. Über 100 unserer heimischen Arten jedoch, darunter unsere häufigsten Schwebfliegen, die Hainschwebfliege (*Episyrphus balteatus*) und die Große Schwebfliege (*Syrphus ribesii*), produzieren »Blattlauskiller« als Larven. Ergänzend zu den Blattläusen lassen sich diese übrigens gelegentlich auch Schildläuse, Weiße Fliege, Thripse und andere Pflanzensauger schmecken.

→ Schaut man nur flüchtig hin, kann man die Gartenschwebfliege mit einer Wespe verwechseln.

Schwebfliegen fördern

Mit der richtigen Gestaltung Ihres Gartens können Sie einiges dazu beitragen, Schwebfliegen zu fördern. Weil die erwachsenen Tiere ja Pollen und Nektar zu ihrer Ernährung benötigen, leuchtet es ein, dass blühende Pflanzen das A und O eines Schwebfliegengartens sind. Und zwar solche Pflanzen, bei denen sie mit ihren kurzen Saugrüsselchen den nahrhaften Nektar auch erreichen können. Das sind in erster Linie Doldenblütler (*Apiaceae*) und Korbblütler (*Asteraceae*), aber auch Liliengewächse (*Liliaceae*) und Rosengewächse (*Rosaceae*). Wissenschaftliche Versuche haben ergeben, dass sich Schwebfliegen bei der Suche nach Blüten nicht nach dem Geruch, sondern rein optisch

VON SCHWEBFLIEGEN GERN GENUTZTE NEKTARPFLANZEN

DEUTSCHER NAME	BOTANISCHER NAME	BLÜTEZEIT
Schneeglöckchen	*Galanthus nivalis*	Febr. – März
Huflattich	*Tussilago farfara*	Febr. – April
Salweide	*Salix caprea*	März – April
Schlehe	*Prunus spinosa*	April – Mai
Sumpfdotterblume	*Caltha palustris*	April – Juni
Himbeere	*Rubus idaeus*	Mai – Juni
Bärlauch	*Allium ursinum*	Mai – Juni
Giersch	*Aegopodium podagraria*	Juni – Juli
Liguster	*Ligustrum vulgare*	Juni – Juli
Wilde Möhre	*Daucus carota*	Juni – Sept.
Wiesenbärenklau	*Heracleum spondylium*	Juni – Sept.
Phazelie (Bienenfreund)	*Phacelia tanacetifolia*	Juni – Okt.
Goldrute	*Solidago*-Arten	Juli – Okt.
Herbstastern	*Astera*-Arten	Aug. – Nov.
Efeu	*Hedera helix*	Sept. – Nov.

orientieren und eine Vorliebe für gelbe und weiße Blüten an den Tag legen. Doch auch etliche blauviolette Blüten zählen zu ihren Favoriten. Da Schwebfliegen während der gesamten Vegetationsperiode anzutreffen sind, sollten Sie dafür sorgen, dass Ihr Garten ebenfalls diese ganze Zeit über passende Blüten zu bieten hat. Beispiele finden Sie in der Tabelle. Sie werden feststellen, dass sich unter den von Schwebfliegen besonders gern angeflogenen Blüten auch eine ganze Reihe von Arten befindet, die Gartenfreunde gemeinhin zum Unkraut rechnen. Wie wäre es also, wenn Sie, statt das Unkraut überall im Garten auszumerzen, mit den Schwebfliegen gewissermaßen einen Deal eingehen würden? Eine einzige Gartenecke, in der das Unkraut sprießen darf – und die Schwebfliegen halten Ihnen dafür Ihr sorgfältig gejätetes Rosenbeet von Blattläusen frei.

Noch etwas: Schwebfliegen gehören zu den Insekten, die ausgesprochen empfindlich auf chemische Pflanzenschutzmittel reagieren, und zwar sowohl direkt als auch indirekt. Während die erwachsenen Tiere unmittelbar davon vergiftet werden, fressen ihre Larven die vergifteten Blattläuse und sterben in der Folge daran. Verzichten Sie also besser auf solche Mittel und greifen Sie lieber, wenn es denn einmal unbedingt sein muss, zu Pflanzenjauchen und anderen natürlichen Präparaten, um Schädlinge und Pflanzenkrankheiten damit in Schach zu halten (→ Seite 20/21).

FLORFLIEGEN

Sieht man zarte, grünliche Insekten mit langen, durchscheinenden Flügeln am Fenster oder an der Zimmerwand sitzen, handelt es sich um Florfliegen. Sie sind nicht nur hübsch, sondern auch völlig harmlos. Ihre Larven sind wichtige Verbündete im Kampf gegen Blattläuse.

Für den Garten sind die fragilen Wesen ein echter Segen. Ohne Übertreibung kann man sie zusammen mit Marienkäfern und Schwebfliegenlarven zu den Großmeistern der Blattlausbe-

→ Auge in Auge mit der Florfliege: Hier wird klar, warum sie im Volksmund auch Goldauge heißt.

kämpfung rechnen. Genau genommen sind es nicht die Florfliegen selbst, sondern ihre Larven, die den Blattläusen zu Leibe rücken. »Blattlaus-

löwen« werden sie daher auch oft genannt. Doch zunächst zurück zu den erwachsenen Tieren.

»Goldauge« mit Elfenflügeln

Florfliegen sind gar keine Fliegen, sondern gehören zur Familie der Netzflügler. Dies lässt sich ganz einfach daran erkennen, dass sie nicht zwei Flügel haben wie die Fliegen, sondern vier. Diese sind durchscheinend zart und meist grün und werden von einem Netzwerk aus Adern durchzogen. Auch die großen, kugeligen und goldglänzenden Augen der Tiere fallen auf. Sie haben der Florfliege vielerorts den Namen »Goldauge« eingebracht.

Wenn hier von »der« Florfliege die Rede ist, handelt es sich um eine Vereinfachung. Denn in Europa gibt es über 70 Arten von Florfliegen, allein in Deutschland leben über 20 verschiedene Arten. Die mit Abstand häufigste und damit auch bekannteste Art ist die Gewöhnliche oder Grüne Florfliege *(Chrysoperla carnea)*. Sie soll hier stellvertretend für ihre ganze Verwandtschaft stehen.

GEFRÄSSIGE NACHKOMMENSCHAFT

Die erwachsene Florfliege ernährt sich ausschließlich von Pollen und Nektar der Blumen sowie vom Honigtau der Blattläuse. Darunter versteht man die stark zuckerhaltigen Ausscheidungen der Blattläuse, die tröpfchenweise an deren Körperenden stehen oder von den befallenen Blättern herabtropfen.

Die Florfliegenlarven aber sind richtige kleine Raubtiere. Kaum einer kennt sie, denn sie führen ein sehr verborgenes, nächtliches Leben. Wenn sie in der Dunkelheit auf die Jagd gehen, haben sie es vor allem auf Blattläuse abgesehen, verschmähen aber auch Thripse, Schmierläuse und Spinnmilben nicht. Mit ihren vorstehenden Saugzangen packen sie ihre Beutetiere, injizieren ihnen einen verdauenden Enzymcocktail und saugen sie anschließend aus. Wissenschaftler fanden heraus, dass eine einzige Florfliegenlarve während ihrer dreiwöchigen Entwicklungszeit rund 450 Blattläusen den Garaus macht. Ein kleines Rechenexperiment verdeutlicht, was dies für den Garten bedeutet: Ein Florfliegenweibchen legt 300–700 Eier. Angenommen, nur die Hälfte der daraus schlüpfenden Larven überlebt – die hungrige Nachkommenschaft eines einzigen Weibchens kann dann immerhin bis zu 150 000 Blattläuse vertilgen. Grund genug, das Leben jeder einzelnen Florfliege zu schützen!

HILFE FÜR FLORFLIEGEN

In unseren Breiten treten gewöhnlich zwei Generationen von Florfliegen in einem Jahr auf. Die erwachsenen Tiere der ersten Generation erscheinen meistens im Juli. Sie leben gerade einmal 4–6 Wochen, bevor sie kurz nach der Paarung und Eiablage sterben. Die zweite Generation aber, die erst etwa ab September auftritt, überwintert und setzt ihren Lebenszyklus im nächsten Frühjahr fort. Im Herbst machen sich die Tiere, die mittlerweile ihre

→ Elfengleich: Die filigranen Flügel der Gewöhnlichen Florfliege schillern im Licht blaugrün.

Farbe von Grün nach Hellbraun gewechselt haben, auf die Suche nach einem geschützten Überwinterungsquartier. Dabei geraten sie, angelockt vom Licht aus den Fenstern, oft in unsere beheizten Wohnräume. Bringen Sie solche herbergssuchenden Florfliegen möglichst an einen trockenen, aber kalten Platz, etwa einen Keller oder Dachboden, eine Veranda oder Garage. In warmen Räumen würden sie binnen weniger Wochen sterben.

Im Garten können Sie den Florfliegen helfen, gut über den Winter zu kommen, indem Sie ihnen spezielle Quartiere anbieten. Einen solchen Florfliegen-Kasten können Sie recht einfach selber bauen (→ Seite 58/59). In ihm finden viele Florfliegen ein schützendes Obdach, in dem sie bis zum Frühjahr überleben können.

FLORFLIEGEN-HAUS

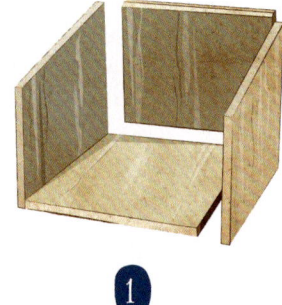

1

2

3

→ Seite 5 im Extra-Heft

MATERIAL

2 Bretter: 80 × 40 × 2 cm • 1 Vierkant-Leiste, 5 × 1 cm:
1 m • 18 Nägel: 35 mm lang • Holzleim • Drahtgeflecht
(Hasengitter): ca. 30 × 25 cm • 2 Klappscharniere •
Füllmaterial: Weizenstroh • Farbe: braunrot, weiß

• Alle Teile zusägen (→ Extra-Heft, Seite 5). Vorderkante der
Rückwand mit der Schleifmaschine leicht anschrägen. Bauen Sie
Seitenwände, Rückwand und Boden laut Skizze zusammen. Die
Lamellen nageln und leimen Sie im ca. 40-Grad-Winkel und mit je
ca. 4 cm Abstand zwischen die Seitenwände.

• Schrauben Sie die Scharniere außen an Dach und Rückwand,
sodass sich das Dach hochklappen lässt. So kann man den Kasten
gut befüllen und die Füllung nach 1–2 Jahren leicht auswechseln.

• Streichen Sie Dach und Lamellen in einem bräunlichen Rot.
Florfliegen fliegen nämlich auf Rot. Boden und Seiten werden weiß.

• Hinterlegen Sie die Lamellen innen mit dem Hasengitter und
füllen Sie den Kasten nicht zu locker mit Stroh. Verwenden Sie kein
Heu, es schimmelt zu leicht. Trockenes Laub ist zu großteilig.

• Schrauben Sie das Florfliegen-Quartier in 1,5–2 m Höhe an einen
Baum, eine Wand oder einen Pfahl. Oder bohren Sie ein Loch in
die Rückwand und hängen Sie das Häuschen an einem Haken auf.
Die Lamellen müssen immer zur windabgewandten Seite zeigen.

TIPP

Stellen Sie das Florfliegen-Haus ab September im Garten auf. Im Winter können Sie es in einen kühlen, trockenen Raum bringen. Spätestens im März kommt es wieder in den Garten, am besten dorthin, wo Sie Ihre »Einsatztruppe« gegen Blattläuse am meisten brauchen.

Ein Haus in Rot: So bringen Sie Florfliegen gut über den Winter.

KÄFER UND CO.

Das Volk der Käfer ist riesig. Auch unter ihnen finden sich Arten, die dem Gärtner bei der Schädlingsbekämpfung tatkräftig zur Hand gehen. Mit einfachen Mitteln können Sie dafür sorgen, dass sich diese Käfer und auch die nächtlichen Ohrwürmer bei Ihnen wohlfühlen.

Käfer erfahren Sympathie – vielleicht, weil viele von ihnen in ihrer Langsamkeit gemütlich wirken und sie uns im Allgemeinen weder stechen noch beißen.

Allgemein beliebt: Marienkäfer

Viele sehen in dem roten, schwarz gepunkteten Käfer einen Glücksbringer, und für die Garten-

→ So behäbig sie wirken – Marienkäfer können durchaus fliegen, wenn auch nicht besonders gut.

freunde ist der Marienkäfer ein unverzichtbarer Helfer beim Gärtnern ohne Gift.
Marienkäfer entwickeln einen ungeheuren Appetit auf Blattläuse. 100–150 davon frisst ein hungriger Siebenpunkt-Marienkäfer pro Tag. Auch zu Spinnmilben oder Schildläusen sagen die Käfer nicht nein, als Abwechslung zwischendurch. Erwachsene Käfer fressen gern auch etwas Pollen und Nektar, ihre Larven hingegen halten überhaupt nichts von vegetarischer Ernährung. Sie bleiben bei Läusen als Futter.
Das Marienkäfer-Weibchen legt seine Eier im Mai oder Juni in kleinen Grüppchen an die Unterseite von Blättern. Insgesamt können es bis zu 1 500 Eier sein. Schon nach etwa einer Woche schlüpfen die Larven.
Eine typische Marienkäferlarve ist ein walzenförmiges grauschwarzes Tier mit einigen gelben oder weißen Flecken. Sie trägt am ganzen Körper mit Borsten besetzte Warzen, ist also wahrlich kein Ausbund an Schönheit. Aber in puncto Gefräßigkeit kann sie mit ihren Eltern durchaus mithalten. Immerhin befreit eine solche Larve den Garten im Lauf ihrer vier- bis

→ Lässt man den Baumschnitt einfach liegen, finden Laufkäfer ein schützendes Quartier.

sechswöchigen Entwicklungszeit von rund 400–500 Blattläusen.

Die jungen Käfer setzen ihren Feldzug gegen die Blattläuse fort, bis das Gartenjahr zu Ende geht und die Tage kalt werden. Dann suchen sie sich, meist in Gruppen, eine geschützte Stelle, um dort den Winter zu verbringen. Gern dringen sie dazu auch in Häuser ein.

Sie können den Marienkäfern in Ihrem Garten über nasskalte Witterungsperioden und über den Winter helfen, indem Sie ihnen an einem geschützten Platz ein Kästchen zum Hineinkriechen bereitstellen (→ Seite 64/65). Solch ein Quartier für die gepunkteten Freunde hat für den Gärtner doppelten Nutzen: Zum einen überstehen viele Marienkäfer die kalten Monate, zum anderen können Sie Ihre Marienkäferschar mitsamt dem Häuschen gezielt dort im Garten positionieren, wo Sie gerade deren Hilfe gegen eine Blattlausinvasion benötigen.

INFO

Auch die Glühwürmchen zählen zu den Nützlingen. Während die erwachsenen Leuchtkäfer, wie Glüh- oder Johanniswürmchen korrekt heißen, überhaupt keine Nahrung mehr aufnehmen, krabbeln ihre Larven nachts über den Boden und jagen Nackt- und Gehäuseschnecken. Die Beutetiere können bis zu 200-mal so schwer sein wie sie selbst. Die Larve lähmt die Beute mit einem Giftbiss und zerrt sie in ein Versteck. Dann kann es Tage dauern, bis sie ihre fette Beute verzehrt hat. Einer Schneckeninvasion können Glühwürmchen nicht Einhalt gebieten. Aber immerhin, sie leisten ihren Beitrag.

NEUBÜRGER MIT FOLGEN

Die einheimischen Marienkäfer haben einen Verwandten, der zunehmend Negativschlagzeilen macht: In manchen Gegenden vermehrt sich der Asiatische Marienkäfer (*Harmonia axyridis*) so stark, dass er nicht nur die heimischen Arten verdrängt, sondern auch den Menschen oft lästig wird. Denn er nagt neben seiner Blattlauskost auch reifes Obst an. Und bisweilen tritt er in solchen Massen auf, dass er sich im Herbst zu Hunderten an Hauswänden oder in Fensternischen sammelt und in Gebäude eindringt. Dabei waren die gepunkteten Asiaten einst keine ungebetenen Gäste. In den 1980er-Jahren hat man sie zur Schädlingsbekämpfung ins Land geholt. Und nach wie vor werden sie hier kommerziell gezüchtet und freigesetzt.

Flinke Laufkäfer

Für Käfer sind sie ziemlich flink auf den Beinen, daher ihr Name. Von den gut 500 Laufkäferarten, die allein Deutschland besiedeln – weltweit

gibt es rund 40 000 Arten –, führt der allergröß-
te Teil ein nächtliches, räuberisches Leben und
stellt den unterschiedlichsten Kleintieren nach.
Manche fressen alles, was krabbelt und kriecht
und sich nicht schnell genug aus dem Staub
macht. Dabei können die Käfer Beutetiere
überwältigen, die deutlich größer sind als sie
selbst, etwa dicke Raupen, Maulwurfsgrillen
oder Heuschrecken. Andere Laufkäferarten
haben sich auf ganz bestimmte Beutetiere
spezialisiert, etwa auf Raupen von Schwamm-
spinnern oder Wicklern, beides gefürchtete
Baumschädlinge, oder auf Fliegenmaden,
Blattläuse, unter der Baumrinde lebende Käfer,
ja sogar Schnecken. Nur eines können sie in der
Regel nicht, nämlich fliegen. Ihr Leben spielt
sich meist am Boden ab, von wo aus sie

→ Gefährlich? Nein! Die Zangen am Hinterleib des
Ohrwurms können höchstens kneifen.

höchstens an Pflanzen emporkrabbeln. Auch
ihre schlanken Larven verbringen die acht bis
zehn Wochen ihres Lebens am Boden. Sie sehen
ein wenig wie Ohrwürmer aus, nur ohne deren
charakteristische Zangen am Hinterleib. In ihrer
Lebensweise und ihrem Appetit gleichen sie
durchaus ihren Eltern.

LAUFKÄFER IM GARTEN FÖRDERN

Als nachtaktive Tiere suchen Laufkäfer für die
Tagesstunden ein passendes Versteck. Ganz
nach ihrem Geschmack sind zum Beispiel
Lücken zwischen Steinen oder am Boden
liegendem Holz. Lassen Sie also einige Stein-
oder Reisighaufen in einer Gartenecke liegen,
wenn Sie etwas für die flinken Gartenhelfer tun
möchten. Auch zum Überwintern finden die
Tiere dort einen geschützten Platz. Viele
Laufkäfer sind Ihnen auch für einen stehen
gelassenen Baumstumpf dankbar, den sie als
Tagesversteck und als Winterquartier nutzen.

Ein Fall für sich: Ohrwürmer

Lange wusste keiner so recht, was Ohrwürmer
eigentlich sind. Würmer, wie ihr Volksname
behauptet, sind sie jedenfalls nicht. Immerhin
haben sie sechs Beine, was sie klar als Insekten
ausweist. Doch selbst die Wissenschaftler taten
sich schwer. Früher rechneten Zoologen sie zur
Verwandtschaft der Heuschrecken und Schaben,
dann wurden sie von einigen zu den Käfern
gezählt. Inzwischen hat man aber erkannt, dass
sie weder Käfer noch Schabenverwandte sind,
sondern eine eigenständige Tiergruppe.
Für uns ist entscheidend, dass sie sich im Garten
überaus nützlich machen. Das spricht ihnen
heute niemand mehr ab. Und die Behauptung,
sie würden Menschen nachts ins Ohr krabbeln,
ist längst widerlegt. Auch, dass sie einen mit
ihren Hinterleibszangen verletzen könnten. Die
Zangen dienen als Werkzeug zum Entfalten
ihrer Flügel sowie den Männchen zum Festhalten der Partnerin bei der Paarung. Uns können
sie allenfalls leicht in den Finger kneifen.
Auch wenn es nicht so aussieht: Ohrwürmer
haben Flügel, und die meisten können damit
auch leidlich fliegen. Sie tun es nur nicht gern.
Es ist nämlich jedes Mal eine aufwendige

Prozedur, die großen, häutigen Flügel auseinanderzufalten. Diese stecken, säuberlich in mehrfachen Lagen gefaltet, unter den kleinen, derben Vorderflügeln verborgen. Und nach jedem Flug müssen sie wieder ordentlich verstaut werden. Verständlich, dass Ohrwürmer das Fliegen lieber vermeiden.

Um auf ihren nächtlichen Touren an Nahrung zu gelangen, brauchen sie auch nicht zu fliegen. Als Mischköstler fressen sie Pflanzenteile, Blattläuse, Spinnmilben und andere Pflanzensauger. Ein Ohrwurm, der auf eine Blattlauskolonie stößt, vertilgt in einer Nacht 50 – 100 Läuse.

Da sei ihm verziehen, dass er sich gelegentlich über zarte Blütenblätter und Knospen hermacht. Ohrwürmer sind lichtscheue Gesellen. Sie gehen in der Dämmerung und nachts auf Nahrungssuche und verstecken sich tagsüber irgendwo im Dunkeln, wobei sie sich als recht gesellig erweisen. Das kann unter Steinen sein, im Inneren von tiefen Blüten oder hinter Borken-

→ Ohrwurm-Behausungen kann man kaufen oder aus den verschiedensten Gefäßen selber machen.

stücken. Und hier kann man ansetzen, wenn man Ohrwürmer im Garten unterstützen will. Gern nehmen sie nämlich auch spezielle Quartiere an, die man für sie in Bäume und Sträucher hängt. Hauptsache, die Verstecke sind innen dunkel, von unten leicht zugänglich und mit trockenem, griffigem Material gefüllt. Solche Quartiere können Sie ganz einfach basteln (→ Seite 66/67). Hängen Sie sie stets so auf, dass sie mit einem Ast oder Stab Kontakt haben, denn Ohrwürmer sind keine geschickten Kletterer. Sie turnen nicht gern kopfüber an einer Schnur zu einer frei hängenden Behausung hinab.

Wenn Ohrwürmer im Garten einmal unangenehm auffallen, weil sie Blütenblätter annagen, siedeln Sie sie einfach vorübergehend um, indem Sie ihr Quartier tagsüber mitsamt den »Übeltätern« vom Blumenbeet in einen Gartenbereich umhängen, in dem gerade nichts blüht. Ohrwürmer sind nicht gut zu Fuß und haben keinen großen Radius im Garten. Bei der nächsten Blattlausattacke holen Sie sie dann einfach wieder zurück zum Beet.

Guck mal!

Im Gegensatz zu den meisten anderen Insekten kann man bei Ohrwürmern die Geschlechter sehr gut unterscheiden. Die Zangen am Hinterleibsende sind beim Weibchen ziemlich gerade, beim Männchen dagegen deutlich bauchig gebogen und außerdem länger als beim Weibchen.

MARIENKÄFER-QUARTIER

MATERIAL

1 Brett: 80 × 40 × 2 cm • 1 Winkelleiste, Schenkelbreite 2,5 cm: 13,5 cm • 1 Holzlatte, 4,5 × 2 cm: ca. 1,3 m • 18 Nägel: 35 mm lang • 2 Schrauben: 3,5 × 35 mm • Holzleim • Farbe: rot, weiß, schwarz • Schablonierpinsel • Füllung: Holzwolle, Stroh oder trockenes Laub

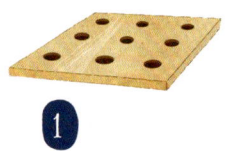

• Alle Teile zusägen (→ Extra-Heft, Seite 6). In den Boden gleichmäßig verteilt neun Löcher (Ø 1 cm) bohren. In alle Seitenwände entlang des unteren Rands je zwei bis drei Löcher (Ø 1 cm) bohren. Die Oberkanten der rechten und linken Seitenwand anschrägen, damit später das Dach besser aufsitzt.

• Bauen Sie Boden und Wände laut Skizze zusammen. Leimen Sie Dachflächen und Winkelleiste zusammen. An die Unterseite jeder Dachfläche, 3 cm von der Giebelkante entfernt, kleben Sie je zwei 1 cm große Stückchen der Holzlatte. So verrutscht das Dach nicht.

• First und Wände außen rot anmalen, das Dach weiß. Mit dem Schablonierpinsel schwarze Punkte auf das Häuschen tupfen.

• Schrauben Sie die Holzlatte an einer der Giebelseiten an. Spitzen Sie sie unten zu, dann lässt sie sich leichter in die Erde stecken.

• Nun noch das Häuschen mit trockenem Füllmaterial locker füllen und das Dach daraufsetzen. Fertig! Lassen Sie das Häuschen das ganze Jahr über im Garten. Falls auch einmal Ohrwürmer hineinkrabbeln, ist das kein Problem – es stört die Marienkäfer nicht.

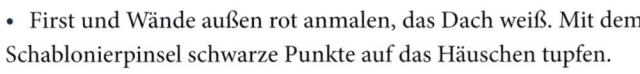

TIPP

Stecken Sie das Häuschen in ein sonniges oder halbschattiges Blumenbeet, am besten zwischen Pflanzen, die besonders oft von Blattläusen befallen werden. Regelmäßiges Reinigen ist nicht nötig, nur die Füllung sollte man jährlich erneuern.

→ Seite 6 im Extra-Heft

Punktlandung: Von hier aus gehen Marienkäfer auf Jagd nach Blattläusen.

OHRWURM-VILLA

OHRWURM-KANNE

Zink-Gießkanne • Farbe: weiß • Holzwolle

• Die Gießkanne weiß anmalen oder – wenn Ihnen das besser gefällt – unbemalt lassen.

• Die Kanne mit Holzwolle locker ausstopfen und auf die Latte eines Staketenzauns stülpen – fertig ist das perfekte Ohrwurm-Heim.

TIPP

Ohrwürmer überwintern in selbst gegrabenen kleinen Höhlen im Boden. Sie können die Ohrwurmquartiere bei Winterbeginn deshalb abhängen und reinigen. Im April oder Mai bringen Sie sie dann wieder, bestückt mit frischer Holzwolle, an Ort und Stelle.

MATERIAL

Zaunhocker (Bezugsquelle → Seite 124) oder beliebige andere Keramikgefäße in verschiedenen Formen und Größen • Holzwolle

• Stopfen Sie die Zaunhocker oder andere Gefäße Ihrer Wahl locker mit Holzwolle aus.

• Stülpen Sie sie, nett arrangiert, auf einen Zaun oder stecken Sie sie auf einen Stab, den Sie einfach in eines Ihrer Blumenbeete stecken.

OHRWURM-HOCHHAUS

2 Ton-Blumentöpfe, Ø 14 cm • 1 Ton-Blumentopf, Ø 10 cm • 3 Holzscheiben (Ø wie Topfböden) • dicke Kordel: 1,5 m • 1 Stück Hasengitter • Holzwolle • Serviettentechnik: Servietten, Serviettenlack • Grundierung: weiß • Farbe: rosa, gelb, hellblau

• Blumentöpfe weiß grundieren. Gelb, hellblau oder rosa anmalen. Mit der Serviettentechnik Motive aufbringen. Dazu die oberste Lage der Serviette ablösen und das gewünschte Motiv ausschneiden oder ausreißen. Motiv auf den Topf legen und vorsichtig mit Serviettenlack bestreichen. Kurze Zeit trocknen lassen.

• In die Holzscheiben mittig ein Loch bohren, durch das die Kordel passt. Die Holzscheiben dienen dazu, die Topflöcher zu verkleinern.

• Schneiden Sie mit einem Seitenschneider ein rundes Stück Hasengitter zu, das im Durchmesser 2 cm größer als die Topföffnung ist. Den Rand der Gitterscheibe 1 cm umbiegen.

• Je eine Holzscheibe in den kleinen und einen der größeren Töpfe legen. Die Kordel durch den größeren Topf ziehen und unter- und oberhalb des Topfbodens einen Knoten machen. Die Kordel muss oberhalb des Topfs noch mindestens 50 cm lang sein, um das Ohrwurm-Hochhaus später aufhängen zu können.

• Stopfen Sie den Blumentopf locker mit Holzwolle aus. Das Hasengitter in die Topföffnung schieben und die Kordel durchfädeln.

• Nun den kleinen Topf auffädeln und die Kordel verknoten, sodass beide Töpfe übereinanderhängen. Den zweiten Topf mit Holzwolle füllen und ebenfalls ein Hasengitter einsetzen. Kordel abschneiden. Wenn nötig, das Gitter mit Kontaktkleber am Topfinnenrand fixieren.

• Mit dem dritten Topf genauso verfahren oder ihn auf einen Ast stecken. Dazu die Holzscheibe in der Farbe des Blumentopfs anmalen. Eine Schraube durch Scheibe und Wasserabzugsloch des Blumentopfs stecken und in das Ende eines Asts oder Stocks schrauben.

SCHMETTERLINGE

Als »fliegende Edelsteine« werden die bunten Falter oft bezeichnet. Man sieht ihnen einfach gern zu, wenn sie von Blüte zu Blüte gaukeln. Ihre Raupen hingegen haben nur wenige Freunde. Doch ohne Raupen gibt es nun mal keine Schmetterlinge!

Nützlinge mit Einschränkungen

Schmetterlinge können dank ihres langen Rüssels auch noch aus den engsten und tiefsten Blüten Nektar saugen. Viele Blütenpflanzen mit sehr engen Blütenröhren sind daher regelrecht auf Schmetterlinge – einschließlich vieler Nachtfalter – als Bestäuber angewiesen. Beispiele sind Zaunwinden (*Calystegia*), Osterluzei-

→ Wie mit einem Strohhalm saugt der Admiral mit seinem Rüssel Nektar aus den Blüten.

(*Aristolochia*) oder *Reseda*-Arten. Wenn da nur nicht die gefräßigen Raupen wären. So können etwa Kohlweißling-Raupen ganze Gemüsebeete kurz und klein fressen, wenn sie in Massen auftreten. Sind jedoch genügend natürliche Gegenspieler im Garten, von Vögeln bis zu Laufkäfern, halten sich die Schäden an Kohlpflanzen in Grenzen. Außerdem lässt sich durch Schutznetze, die man rechtzeitig übers Beet spannt, die Eiablage der Falter auf den Gemüsepflänzchen verhindern.

Bei vielen der schönsten Schmetterlinge fressen die Raupen übrigens Unkraut. Der Nachwuchs von Tagpfauenauge und Admiral etwa frisst fast nur an Brennnesseln. Die Raupen des Scheckenfalters brauchen Wegerich-Arten, die des Zimtbärs Löwenzahn. Lassen Sie deshalb einige dieser Unkräuter in einer Gartenecke stehen, wenn Sie die Falter bei sich begrüßen wollen. Achten Sie auch darauf, dass vom Frühling bis zum Herbst »Schmetterlingsblumen« blühen. Oft sind die ersten Falter bereits im Spätwinter unterwegs. Sie saugen dann zum Beispiel gern an Erikablüten. Später sind Wicken (*Lathyrus*),

→ Sommerflieder ist bei Schmetterlingen wie diesen Distelfaltern eine beliebte Futterpflanze.

Edeldisteln *(Eryngium)* oder Ziertabak *(Nicotiana)* gute Futterquellen, ebenso eine Blumenwiese. Im Herbst liefern Astern und Efeu Nektar.

GESCHÜTZT ÜBERWINTERN

Mit einer auf Schmetterlinge zugeschnittenen Schutzhütte (→ Seite 70) helfen Sie den Faltern, kalte Wetterphasen und den Winter gut zu überstehen. Pfauenaugen etwa wählen als Winterquartier gern Garagen, Schuppen oder Dachböden. Dort verfallen sie in eine Kältestarre. Gelangen sie bei der Quartiersuche in beheizte Wohnräume, sollten Sie sie an einen geschützten, dunklen und vor allem kalten Ort bringen. Versuchen Sie nicht, die Tiere aufzuwärmen. Steigen die Temperaturen im Frühjahr, wachen sie von allein wieder auf. Dann ist es wichtig, dass sie einen Ausgang ins Freie finden. Arten wie Schwalbenschwanz oder Aurorafalter überwintern als Puppe an Pflanzenstängeln. Beim herbstlichen Ausräumen der Beete werden diese Puppen oft zusammen mit den trockenen Stängeln beseitigt. Lassen Sie Staudenreste lieber bis zum Frühjahr stehen, schneiden Sie sie erst dann zurück und lassen Sie sie noch eine Weile im Trockenen liegen. So können die Falter aus ihren Puppenhüllen schlüpfen.

Guck mal!

Als Extraportion an Kraftnahrung oder wenn Sie im Beet einmal eine »Blühlücke« haben, können Sie auf ein kleines Futtertischchen, das Sie ins Blumenbeet stellen, ein flaches Schälchen mit einem »Schmetterlingscocktail« aus Zucker und Honig, in Wasser aufgelöst, sowie einige Bananenscheiben legen. Rasch werden sich die verschiedensten Schmetterlings-Arten dort einstellen. An den in ihre Nascherei vertieften Gästen kann man beobachten, wie sie mit ihrem dünnen Rüssel wie mit einem Strohhalm das Zuckerwasser aufsaugen – wie beim Nektartrinken in einer Blüte.

SCHMETTERLINGS-HOTEL

MATERIAL

2 Bretter: 80 × 40 × 2 cm • 1 Winkelleiste, Schenkelbreite 2,5 cm:
20 cm • 20 Nägel: 35 mm lang • Holzleim • 2 Stahlnägel (großer
Kopf): 35 mm lang • 1 Schraubhaken • 2 Metallösen mit Gewinde •
Farbe: weiß, grün • 1 Möbelknopf

• Alle Teile zusägen (→ Extra-Heft, Seite 7). Die Dachflächen sägen
Sie in Form von Schmetterlingsflügeln zu: Malen Sie dazu die
Konturen mithilfe der Vorlagen (→ Seite 123) auf. In die Vorder-
wand mit der Stichsäge drei ca. 1,5 cm breite Schlitze sägen, sodass
die Schmetterlinge in das Häuschen schlüpfen können. Die
Seitenwände oben anschrägen, damit das Dach besser sitzt.

• Nageln Sie Boden, Vorder- und Rückwand und eine der Seitenwände laut Skizze zusammen. Die zweite Seitenwand bleibt
beweglich und kann aufgeklappt werden. Halten Sie die Wand an
ihren Platz und bohren Sie durch Vorder- und Rückwand jeweils
4 cm unterhalb der Oberkante ein 2 mm großes Loch bis in die
Seitenwand. Stecken Sie in jedes Loch einen Stahlnagel. Die Nägel
dienen als Drehachse beim Aufklappen der Wand. In die angrenzende Kante der Rückwand drehen Sie unten einen Schraubhaken.
Er verriegelt die Seitenwand.

• Die Dachhälften auf die Giebelseiten nageln und die Winkelleiste
festleimen. Die Metallösen zum Aufhängen in den First schrauben.

• Das Häuschen weiß anmalen, das Dach grün. Zur Verzierung
vorn in den First den Möbelknopf schrauben.

TIPP

Hängen Sie das Häuschen an einen geschützten, sonnigen bis halbschattigen Platz in maximal 2 m Höhe auf. Eine Füllung ist nicht
nötig. Die Falter hängen sich an die Wand oder unters Dach.

→ Seite 7 im Extra-Heft

Schutzhütte
für farbenfrohe
Schmetterlinge —
ob bei Regen oder
Kälte.

IM PORTRÄT

Wem gefallen sie nicht, die bunten Schmetterlinge, die beschwingt um die Blumen gaukeln? Doch kennen Sie auch ihre Namen? Hier finden Sie einige der häufigsten Arten und erfahren, wie Sie sie in Ihren Garten locken können.

TAGPFAUENAUGE

Größe: 5–5,5 cm • überwintert: als Falter

Kennzeichen: Falter rot, typische Augenflecken. Raupe schwarz mit weißen Punkten und schwarzen Dornen.
Lebensweise: Die Falter saugen besonders gern an rot- bis blauvioletten Blüten Nektar.
Das lockt sie an: In einer Gartenecke Brennnesseln als Futter für die Raupen stehen lassen. Schmetterlingskasten zum Überwintern anbieten.

ZITRONENFALTER

Größe: 5–5,5 cm • überwintert: als Falter

Kennzeichen: Männchen zitronengelb, Weibchen eher grünlich (→ Abb.). Raupe grün mit weißlichem Seitenstreifen, unbehaart.
Lebensweise: Die Falter sind im Frühjahr mit die ersten Schmetterlinge. In heißen Sommerwochen fallen sie an Schattenplätzen in Sommerstarre.
Das lockt sie an: Ganzjährig Schmetterlingskasten zum Überwintern und Übersommern anbieten. Im Frühjahr für nektarreiche Blüten sorgen (zum Beispiel Erika oder Flieder).

LIGUSTERSCHWÄRMER

Größe: 9–12 cm • überwintert: als Puppe

Kennzeichen: Auffallend groß, Vorderflügel rötlich braun mit breitem, dunklem Längsstreifen, Hinterflügel und Hinterleib rosa-schwarz gestreift. Raupe grün, an den Seiten purpurrote und weiße Schrägstreifen, am Körperende ein gelb-schwarzes Hörnchen.
Lebensweise: Meist nachtaktiv, schwirrt wie ein Kolibri vor der Blüte und tankt Nektar.
Das lockt sie an: Liguster, Flieder oder Forsythie als Nährgehölze für die Raupen pflanzen.

ADMIRAL

Größe: 5–6 cm • überwintert: in Südeuropa als Falter

Kennzeichen: Falter oben mit roter Querbinde, unten schwarz-braun. Raupe schwarz bis gelbbraun, gepunktet, kurze Dornen.
Lebensweise: Die Falter wandern jedes Jahr von Südeuropa über die Alpen bei uns ein.
Das lockt sie an: Brennnesseln als Raupenfutterpflanzen stehen lassen.

TAUBENSCHWÄNZCHEN

Größe: 3,6–5 cm • überwintert: in Südeuropa als Falter

Kennzeichen: Hinterflügel gelborange, seitlich weiße Flecken. Raupe grün oder braun, weiße Längsstreifen, unbehaart, am Hinterleib blaues Horn mit gelber Spitze.
Lebensweise: Der Schwärmer saugt Nektar, indem er wie ein Kolibri vor der Blüte steht.
Das lockt sie an: Blau- und rotviolette Blüten (Flieder, Phlox, Verbenen, Pelargonien). Labkraut als Futterpflanze für die Raupen.

HILFE FÜR VÖGEL:
DIE BESTEN NISTHILFEN UND FUTTERPLÄTZE

In der Luft, im Geäst und auf dem Boden: Insektenfresser laben sich an Raupen, Läusen, Käfern und Co. Und die Fraktion der Körnerfresser stopft die Schnäbel ihrer Jungen mit eiweißreicher Insektennahrung.

GARTENVÖGEL ANLOCKEN

Gartenbesitzer sind fast immer auch Vogelfreunde – aus gutem Grund. Schließlich machen sich die Vögel im Garten überaus nützlich, wenn sie Zweige und Blätter eifrig nach Insekten und deren gefräßigen Larven absuchen.

Gartenfreunde wissen Vögel zu schätzen: Sie halten nicht nur Insekten von den Pflanzen fern, sondern schenken uns auch jede Menge Freude: Denn wie schön ist es, sie bei ihrem regen

→ Für die hungrigen Jungen der Kohlmeise ist die Raupe ein köstlich-zarter Leckerbissen.

Treiben zu beobachten, sei es beim Nestbau oder bei der Futtersuche. Und was wäre ein Garten ohne Vogelgezwitscher?

Hungrige Schnäbel gegen Insekten

Wie wirkungsvoll die Vögel im Kampf gegen unliebsame Insekten sind, zeigen folgende Zahlen. Biologen haben zum Beispiel Kohlmeisenpaare während der Brutsaison beobachtet: Im Durchschnitt fliegen die Elternvögel 900-mal am Tag mit einem Insekt im Schnabel zum Nest. Demnach verfüttert ein Meisenpaar, das zweimal im Jahr eine Brut mit sieben bis neun Jungen großzieht, hochgerechnet rund 250 000 Insekten – das entspricht etwa 50 kg. Was sie selbst fressen, um bei Kräften zu bleiben, ist dabei noch gar nicht mitgerechnet. Andere Untersuchungen ergaben, dass z. B. ein einziges Meisenpaar mitsamt seinen Nachkommen im Lauf eines Jahrs ca. 70 000 Räupchen und 20 Millionen kleiner Taginsekten vertilgt. Natürlich sind solche Zahlen davon abhängig, welche Art von Beuteinsekten im jeweiligen Brutgebiet vorherrschen und vor allem, wie viele Jungen die Vögel pro Jahr jeweils großziehen können. Doch machen diese Zahlen eindrucksvoll deutlich, wie nützlich Gartenvögel sind.

→ Beim Verschönern von Vogelhäuschen
dürfen auch die Kleinsten mitmachen.

WER IST NÜTZLICHER?

Sind also die Insektenfresser unter den Vögeln,
wie Meisen, Fliegenschnäpper, Grasmücken
oder der Zaunkönig, nützlicher als Körner
fressende Arten wie Finken oder Ammern? Weit
gefehlt. Auch wenn sich die sogenannten
Körnerfresser als erwachsene Vögel hauptsäch-
lich von Sämereien ernähren, füttern sie doch
ihre Brut mit weicher Insektennahrung. Harte
Körner wären für die Kleinen unverträglich.
Übrigens: Auch wenn sie ganzjährig gefüttert
werden (→ Seite 91), bringen die Vögel ihren
Nestjungen lieber Insekten. Die Körner aus dem
Futterhäuschen dienen nur den Altvögeln als
willkommene Stärkung und als rasch erreichba-
re Nahrungsquelle, die ihnen mehr Zeit lässt,
Insekten für den Nachwuchs zu suchen.
Die Körnerfresser unter den Vögeln picken aber
nicht nur große Körner, sondern auch winzige
Sämereien, zum Beispiel Unkrautsamen. Auch
so manches Blättchen von keimendem Unkraut
wandert in ihre Schnäbel. So trägt zum Beispiel
die in vielen Beeten sprießende und wenig
erwünschte Vogelmiere ihren Namen nicht von
ungefähr. Für viele Vögel sind ihre zarten Triebe
und Knospen tatsächlich eine Delikatesse.

UNTERSTÜTZUNG FÜR DIE VÖGEL

Damit sich die Vögel in Ihrem Garten möglichst
zahlreich ansiedeln, können Sie auf verschiedene Weise nachhelfen. Vor allem benötigen die
gefiederten Helfer Wohnraum. Weil heute
natürliche Baumhöhlen, lose Mauerziegel oder
unverputzte Wandnischen meist fehlen, herrscht
unter den Kleinvögeln akute Wohnungsnot.
Nistkästen (→ Seite 78–87) schaffen Abhilfe.
Arten, die ihr Nest frei im Geäst bauen,
unterstützen Sie, indem Sie dichte, Deckung
gebende Sträucher pflanzen (→ Seite 17, Tabelle).
Durch das Zusammenbinden einiger Zweige zu
einer Art Tasche oder durch einen Astschnitt,
der einen Zweigquirl entstehen lässt, helfen Sie,
dass die Vögel ihr Nest fest verankern können
(→ Seite 86/87).

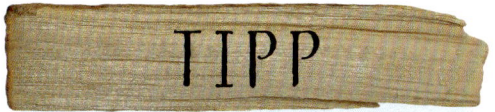

TIPP

**Eine große Gefahr für Vögel sind die
Fenster von Gebäuden. In den
spiegelnden Flächen erkennen sie
weitere Bäume, Sträucher und andere
Grünpflanzen, was sie dazu verleitet,
auf diese zuzufliegen – und dann
prallen sie gegen das Glas.**

1. Entschärfen Sie diese Fallen, indem
Sie spezielle Motiv-Aufkleber an den
Glasflächen anbringen.

2. Wenn Ihnen das nicht gefällt, können Sie alternativ etwas vor die Schei-
ben hängen – auf der Gartenseite, nicht
etwa im Zimmer –, seien es Blumenam-
peln, Dekoschnüre oder Lampions.

NISTKÄSTEN FÜR VÖGEL

Da es in fast allen Gärten an hohlen Bäumen und alten Spechtlöchern mangelt, sind zumindest die Höhlenbrüter unter unseren Gartenvögeln vielfach darauf angewiesen, dass ihnen die Menschen künstlichen Wohnraum zur Verfügung stellen.

Vogelnistkästen gibt es in den unterschiedlichsten Varianten. Viele wurden von Fachleuten entworfen und haben sich in der Praxis gut bewährt. Es macht Spaß, solche Kästen selbst zu

→ Traumhaus im Baum: Hübsch und funktionell – das gefällt Mensch und Vogel gleichermaßen.

bauen. Auch Kinder werkeln eifrig mit. Groß ist die Freude, wenn sie dann aus nächster Nähe beobachten, wer in die Vogelheime einzieht.

Jedem das Seine

Vögel sind kritische Mieter. Bevor ein Paar einen Nistkasten akzeptiert, inspiziert es ihn genau. Die Maße müssen ebenso passen wie die Lage des Häuschens und seine weitere Umgebung. Meisen etwa wünschen eine dunkle Höhle mit rundem Loch, der Hausrotschwanz und die Bachstelze möchten eine Halbhöhle. Sperlinge wiederum lieben es gesellig, sie brüten am liebsten »Tür an Tür« mit ihresgleichen. Farbe und Verzierung eines Nistkastens sind Vögeln ziemlich egal. Lassen Sie beim Schmücken Ihrer Fantasie also freien Lauf, solange Maße und Architektur stimmen. Folgendes sollten Sie aber unbedingt berücksichtigen:
• Bohren Sie vier bis fünf 5 mm große Löcher in den Boden des Nistkastens. Sie dienen der Durchlüftung und Entfeuchtung des Vogelheims, sodass das Nistmaterial nicht schimmelt.
• Sitzstangen unterhalb des Einfluglochs sind überflüssig, die Bewohner gelangen auch ohne sie problemlos in ihr Heim. Einem Nesträuber aber können Sitzstangen sein Werk erleichtern.

DAS RECHTE MASS FÜR VOGELHEIME

VOGELART	GRUNDFLÄCHE (INNENMASS)	FLUGLOCH (DURCHMESSER)	ABSTAND VON FLUGLOCH BIS KASTENBODEN
Blaumeise, Tannenmeise	13 × 13 cm	2,6–2,8 cm	12 cm
Kohlmeise, Kleiber	14 × 14 cm	3,2 cm	15 cm
Gartenrotschwanz	14 × 14 cm	3,5 × 4,5 cm, hochoval	15 cm
Star	16 × 16 cm	4,5 cm	25 cm
Buntspecht	16 × 16 cm	6,0 cm	40 cm

• Das Einschlupfloch sollte 12–15 cm oberhalb des Kastenbodens liegen. So können Katzen oder Marder, die mit der Pfote durch das Loch angeln, nicht bis zur Brut reichen.

• Nisthöhlen müssen einfach zu öffnen sein, denn es ist wichtig, sie regelmäßig zu reinigen.

WAS SIE NOCH BEACHTEN SOLLTEN

• Hängen Sie Nistkästen möglichst schon im Herbst auf, nicht erst im Frühjahr. Im Winter nutzen diverse Tiere sie als Quartier – von Florfliegen, Ohrwürmern oder Hummelköniginnen bis zu verschiedenen Mäusearten oder Fledermäusen. Auch Meisen und Zaunkönige suchen in kalten Nächten dort Zuflucht.

• Bringen Sie Nistkästen so an, dass sie nicht längere Zeit der prallen Sonne ausgesetzt sind und der Eingang von der Wetterseite abgewandt liegt. Die Ausrichtung nach Osten oder Südosten ist meist ideal.

• Verwenden Sie zum Befestigen an Baumstämmen keine normalen Nägel oder Schrauben, sie schädigen den Baum. Besser, wenn auch teurer, sind rostfreie Nägel aus Aluminium. Auch ein um den Stamm gelegter oder über einen Ast gehängter Drahtbügel schont den Baum.

• Wenn Sie mehrere Nistkästen desselben Typs anbringen, lassen Sie mindestens 10 m Abstand zwischen ihnen – Kästen für Koloniebrüter ausgenommen. Sie vermeiden so, dass es zu Revierstreitigkeiten kommt.

• Sichern Sie Stämme, an denen Nistkästen hängen, gegen Katzen. Im Fachhandel gibt es Stachelmanschetten, die man um den Stamm legt. Das ist nicht schön, tut aber seine Wirkung.

• Auch wenn die Neugierde groß ist: Öffnen Sie Nistkästen niemals während der Brutzeit und lassen Sie die Vogelfamilie ungestört.

HAUSPUTZ MUSS SEIN

Anfang September, wenn schließlich der letzte Vogelnachwuchs die Nistkästen verlassen hat, ist Zeit für den jährlichen Hausputz. Zusammen mit dem Nestmaterial entfernen Sie Vogelflöhe, Milben, Lausfliegen und Zecken, die sich sonst im nächsten Jahr verstärkt über die neue Brut hermachen. Tragen Sie dabei Gummihandschuhe, denn Vogelflöhe springen auch Menschen an. Kehren Sie den Kasten mit einem Bürstchen sorgfältig aus und wischen Sie ihn bei stärkerer Verschmutzung mit Wasser aus. Verzichten Sie auf Reinigungs- oder Desinfektionsmittel.

HÖHLENBRÜTER-KASTEN

MATERIAL

1 Brett: 80 × 40 × 2 cm • 1 Winkelleiste, Schenkelbreite 2,5 cm: 20 cm • 2 Stahlnägel mit großem Kopf: 35 mm lang • 1 kleiner Schraubhaken • 20 Nägel: 35 mm lang • Holzleim • Farbe: weiß, grau, rot • Kreppband • bemooste Zweige • Birkenrinde (Floristikbedarf) • Kontaktkleber

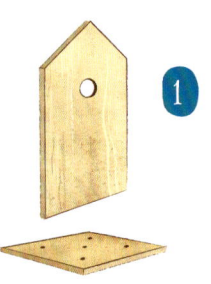

• Sägen Sie alle Teile zu (→ Extra-Heft, Seite 8). In die Vorderwand sägen Sie mit dem Lochsäge-Vorsatz der Bohrmaschine das Einflugloch (→ Seite 79, Tabelle). In die Rückwand bohren Sie das Aufhängeloch (Ø 1 cm), in den Boden fünf 5 mm große Belüftungslöcher. Seitenwände oben anschrägen, damit das Dach besser sitzt.

• Bauen Sie Boden, Vorder- und Rückwand sowie eine Seitenwand laut Skizze zusammen.

• Die zweite Seitenwand bleibt beweglich. Um sie einzupassen, halten Sie die Wand an ihren Platz und bohren etwa auf Höhe der Dachkante durch die Vorder- bzw. Rückwand ein 2 mm großes Loch bis in die Seitenwand. Stecken Sie in jedes Loch als Drehachse einen Stahlnagel. In die angrenzende Kante der Rückwand unten einen Schraubhaken drehen. Er verriegelt die Seitenwand.

• Zum Schluss nageln Sie das Dach auf den Giebelwänden fest und decken den First mit der Winkelleiste ab.

• Das Dach grau und die Wände weiß anmalen. Den ca. 3 cm breiten Schmuckstreifen mit Bleistift leicht anzeichnen und mit Krepp abkleben. Vorsichtig mit roter Farbe ausmalen. Trocknen lassen und Krepp entfernen. Für das Dach die bemoosten Zweige zurechtschneiden und mit Kontaktkleber anbringen. Aus Birkenrinde (Floristikbedarf) mithilfe der Schablone (→ Seite 123) zwei Herzen ausschneiden und aufkleben.

• Alternativ können Sie den Nistkasten auch mit einem flachen Pultdach bauen (→ Extra-Heft, Seite 9).

→ Seite 8 im Extra-Heft

Ein Herz für Meise und Co.: Solche Kästen sind begehrte Eigenheime.

HALBHÖHLEN-KASTEN

MATERIAL

1 Brett: 80 × 40 × 2 cm • 16 Nägel: 35 mm lang • Holzleim • Farbe: grau, weiß • roter Tafellack • Kreide

• Sägen Sie alle Teile genau zu (→ Extra-Heft, Seite 10). Die Oberkante der Rückwand schrägen Sie mit der Schleifmaschine in einem
Winkel von ca. 15 Grad an, damit das Dach gut sitzt. In die Mitte
der Rückwand bohren Sie am oberen Rand ein Loch (Ø 1 cm). Es
dient dazu, den Kasten später aufzuhängen. Den Boden versehen
Sie mit fünf bis sechs Bohrlöchern mit 5 mm Durchmesser. Sie
sorgen für eine gute Durchlüftung des Nistmaterials.

• Nageln und leimen Sie zuerst die Rückwand und den Boden, dann
die Seitenteile und die Vorderwand laut Skizze zusammen. Dach auf
Rückwand und Seitenwände nageln.

• Flächen und Dach grau bemalen, sichtbare Kanten weiß. Die
Vorderfront mit rotem Tafellack bemalen und nach Belieben mit
Kreide beschriften.

• Am besten bringen Sie die Halbhöhle unter einem Dachvorsprung
an, zum Beispiel an der Hauswand, an einer Gartenhütte, einem
Schuppen oder an einer Garage.

TIPP

Alternativ können Sie auch eine bis zum Dach reichende Vorderwand
anbringen und diese mit zwei oder drei großen Einschlupflöchern
versehen. Für die Vögel reicht die im Vergleich zum Höhlenbrüterkas-
ten vermehrte Helligkeit im Inneren aus, und die Brut ist besser gegen
Nesträuber geschützt.

→ Seite 10 im Extra-Heft

Zimmer mit Aussicht: das Heim für alle Vögel, die es hell und luftig mögen.

piep!

REIHENHAUS FÜR SPATZEN

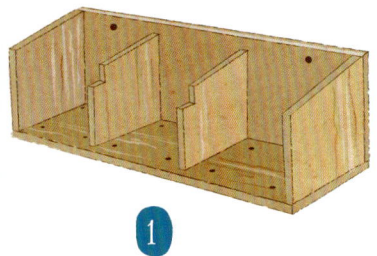

1

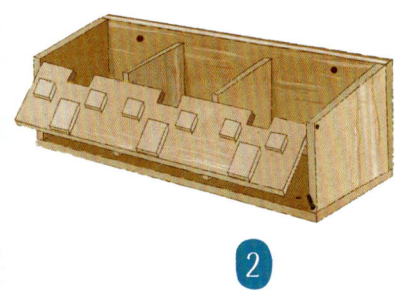

2

3

→ Seite 11 im Extra-Heft

• Sägen Sie alle Teile genau zu (→ Extra-Heft, Seite 11). Die Oberkante der Rück- und Vorderwand schrägen Sie an, damit das Dach
gut sitzt. In die Vorderwand sägen Sie oben drei Einschlupfluken
(→ Skizze). Sägen Sie an der kurzen Seite der Trennwände oben
einen 3 × 3 cm großen Ausschnitt aus. Bauen Sie Boden, Rückwand,
Seitenwände und Zwischenwände laut Skizze zusammen.

• Passen Sie die Vorderwand ein. Sie bleibt beweglich und lässt sich
aufklappen. Dazu halten Sie die Wand an ihren Platz und bohren in
beide Seitenwände ca. 2 cm von der Oberkante ein 2 mm großes
Loch bis in die Seiten der Vorderwand. Stecken Sie in jedes Loch
einen Stahlnagel. Die Nägel dienen als Drehachse beim Aufklappen
der Wand. Drehen Sie je einen Schraubhaken in die schmalen
Kanten der Seitenwände – sie verriegeln die bewegliche Wand. Nun
setzen Sie das Dach auf und nageln es fest.

• Zum Schluss kleben Sie Holzquadrate als »Fenster« und Recht-
ecke als »Türen« auf das Spatzenhaus. Seitenwände und Dach
bemalen Sie weiß, die Front in Blau, Gelb und Grün. Die Hausnum-
mern mithilfe der Schablonen (→ Seite 123) aufmalen.

• Bohren Sie in die Rückwand des Spatzenhauses zwei 1 cm große
Löcher und hängen Sie es an zwei kräftigen Haken auf.

TIPP

Montieren Sie das Spatzenhaus in mindestens 2 m Höhe – gern auch
höher – an einer Hauswand, möglichst in Südost- oder Südrichtung.
Die Vögel sollen freien Anflug zum Häuschen haben.

Auf gute Nachbarschaft: Spatzen brüten gerne gesellig Tür an Tür.

ZAUNKÖNIG-KUGEL

MEISEN-TOPF

1 Ton-Blumentopf, Ø 14 cm • 1 Vierkant-Leiste,
5 × 2 cm: 25 cm • 1 Holzscheibe, Ø 13,5 cm, 2 cm
dick • 1 Holzschraube: 3,5 × 35 mm • 1 Gewindestange, Ø 5 mm: 16 cm • 1 Einschraubhülse, Ø 5 mm •
1 Beilagscheibe • 1 Flügelmutter (5 mm-Gewinde) •
Farbe: weiß, grün

• Mit dem Stein- oder Betonbohrer in den Topfboden
dicht am Rand ein Loch (Ø 5 mm) bohren. Auf
derselben Seite in die Mitte der Topfwand ein Lüftungs-
loch (Ø 5 mm) bohren. In die Holzleiste oben ein
Aufhänge-Loch (Ø 1 cm) und 9 cm über dem Leistenen-
de ein Loch (Ø 6 mm) für die Einschraubhülse bohren.

• In die Holzscheibe ein Einflugloch (Ø 3 cm) bohren.
Scheibenrand mit Feile oder Schleifmaschine etwas
abschrägen.

• Blumentopf weiß anmalen, Deckel und Holzlatte grün.
Einschraubhülse in die Holzlatte stecken. Gewindestange einschrauben und Topf daraufstecken. Ein Holzrest-
chen von innen über das Wasserabzugsloch legen, durch
Holzstück und Loch den Topf an die Latte schrauben. In
den Deckel auf Höhe der Gewindestange ein Loch
bohren (Ø 5 mm). Deckel aufsetzen und mit Beilagscheibe und Flügelschraube fixieren. Meisentopf mit
einer Schraube an einem Baum befestigen.

1 große Kokosnuss • 1 Handvoll
Erlenzapfen • Holzleim • evtl.
Schnur/Bindedraht • Heu

• Die Kokosnuss mit der Säge
halbieren, Fruchtfleisch herauslösen und die Hälften trocknen
lassen.

• Aus dem Rand jeder Hälfte
einen Halbkreis sägen, sodass ein
3 cm großes Loch entsteht, wenn
man die Hälften zusammensetzt.
Hälften zusammenkleben. Auf die
Naht Erlenzapfen aufkleben.

• Nesthöhle in einem Strauch
bodennah in eine Astgabel kleben,
das Einschlupfloch seitwärts
gerichtet, oder mit Schnur oder
Bindedraht fixieren. Ein wenig
Heu als erstes Nistmaterial kommt
beim Zaunkönig gut an.

NISTTASCHE FÜR HECKENBRÜTER

1 Bündel biegsame Zweige (am besten Kiefer, Birke, Ginster oder Weide), ca. 1 m lang • stabile Schnur

• Zweige bündeln und kopfüber an der wetterabgewandten Seite eines Baumstamms mit Schnur festbinden.

• Die Zweigspitzen nach oben biegen, sodass die Zweige eine Schlaufe bilden. Zweigspitzen oberhalb der ersten Anbindestelle an den Stamm binden.

• Drosseln, Girlitz oder Distelfink lieben solche Nisthilfen.

PLATTFORM FÜR FREIBRÜTER

einige dünne Weidenruten • Bindeschnur

• Biegen Sie einige Zweige eines Strauchs so zusammen, dass sie sich kreuzen und verstreben oder fixieren Sie sie mit Bindeschnur.

• Die Weidenruten spiralig zu einer Art Körbchenboden um die gekreuzten Zweige flechten. So entsteht eine kleine Plattform, auf der Freibrüter unter den Gartenvögeln wie Amsel, Singdrossel, Stieglitz, Rotkehlchen oder Heckenbraunelle gut ihr Nest bauen können.

VOGELBAD UND –TRÄNKE

An heißen Sommertagen werden Gartenvögel ebenso von Hitze und Durst geplagt wie wir. Die Gelegenheit zu einem erfrischenden Bad lassen sie sich dann nicht entgehen, sei es in einem Teich oder auch in einer im Garten bereitgestellten Wasserschale.

Es ist ein Bild der puren Lebensfreude, wenn badende Vögel Fontänen von Spritzwasser rings um sich verteilen. Mit Hingabe tauchen Amseln und Stare, Finken und Meisen ins kühle Nass, um das Wasser sogleich wieder heftig aus ihrem Gefieder zu schütteln. Nebenbei stillen sie auch gleich ihren Durst. Von eiskalten Wintertagen einmal abgesehen, kann man ein solches Badevergnügen das ganze Jahr über beobachten.

→ Ein Vogelbad lockt in den Garten: Das Rotkehlchen genießt sichtlich die Erfrischung.

Besonders häufig nehmen Vögel jedoch im Sommer regelmäßig ein Bad, schließlich dient es nicht nur zur Abkühlung, sondern in erster Linie zur Gefiederpflege. Gern trifft sich die Vogelschar zu diesem Zweck am Gartenteich, sofern er mindestens an einer Stelle eine flache, für die Vögel gut zugängliche Uferzone aufweist. Wer keinen Teich im Garten hat, bietet den gefiederten Freunden einfach ein spezielles Vogelbad an. Im Grund ist noch nicht einmal ein eigener Garten dafür notwendig. Auch auf einer Dachterrasse oder einem Balkon können Meise & Co. prima plantschen.

Ein Pool ganz nach Vogelgeschmack

Eine flache Schale mit etwa 30 cm Durchmesser und sanft geneigten Rändern ist ein attraktiver Pool, der zugleich auch als Vogeltränke dient. Es reicht dabei vollkommen aus, wenn das Wasser 5 cm tief ist. Wichtig ist, dass das Material der Schale und vor allem des Randes griffig ist, sodass die Badegäste nicht ausrutschen. Ein glatter Porzellanteller eignet sich deshalb ebenso

→ Tränke aus edlem Stein: Diese Wasserstelle für die Vogelschar ist ein dekoratives Gartenelement.

wenig wie eine Plastikschüssel. Sehr viel besser ist eine unglasierte Steingut- oder Terrakotta-schale, auch Vogelbäder aus Kunststein oder Holzbeton findet man im Handel. Wie so oft ist es eine Frage des persönlichen Geschmacks, was man in seinem Garten aufstellt. Den Vögeln ist es ziemlich egal, wie ihr Pool aussieht, Hauptsache, sie können das Wasser bequem erreichen. Wenn Sie die Wasserschale nicht auf den Boden, sondern auf einen 1–1,5 m hohen Ständer stellen, sind die Badegäste zudem durch Katzen weniger gefährdet. Außerdem sollten Sie das Vogelbad an einer Stelle platzieren, wo Sträucher oder niedrige Bäume den an- und abfliegenden Vögeln rasche Deckung gewähren. Mit nassem Federkleid wollen Vögel keine weiten Strecken zurücklegen, sondern suchen schleunigst einen geschützten Platz auf, um ihr Gefieder wieder in Ordnung zu bringen.

HYGIENE IST WICHTIG

An ein paar Laubblättern oder etwas Sand im Bade- oder Trinkwasser stören sich Vögel nicht. Diese Art von Verschmutzung schadet ihnen auch nicht. Doch anders als der große Garten-teich erwärmt sich das seichte Wasser eines Vogelbads im Sommer sehr schnell, wodurch sich Keime rasch vermehren können. Für Vögel, die dann daraus trinken, birgt ein solches Vogelbad die Gefahr, sich anzustecken. Vor allem die gefährliche Salmonellose kann sich auf diesem Weg rasch verbreiten. Daher muss das Wasser eines Vogelbads unbedingt regelmäßig gewechselt und das Gefäß gereinigt werden. Bei warmem Wetter ist das mindestens zweimal wöchentlich fällig, wenn sehr viele gefiederte Gäste das Bad sehr oft besuchen, auch häufiger.

SAND STATT WASSER

Sperlinge und viele andere Vögel lieben es, ihr Gefieder mit einem staubigen Sandbad zu reinigen. Bieten Sie ihnen an einem sonnigen Platz eine flache Schale, etwa einen großen Blumentopfuntersetzer aus Keramik oder einfach eine Bodenmulde mit feinem Sand an. Sogenannter Spielsand, wie es ihn im Baumarkt für den Kindersandkasten zu kaufen gibt, eignet sich bestens. Es macht Spaß zu beobachten, wenn die Sperlinge genüsslich im Sand mit den Flügeln schlagen wie im Wasser, nur spritzt es eben nicht, sondern es staubt. Um der Ausbreitung von Krankheiten und Parasiten vorzubeugen, sollten Sie den Sand bei regem Besuch alle 1–2 Wochen austauschen.

VÖGEL RICHTIG FÜTTERN

Die winterliche Vogelfütterung ist in vielen Familien eine Tradition. Schließlich bietet das vor dem Fenster aufgestellte Futterhäuschen eine schöne Gelegenheit, die gefiederten Gäste aus allernächster Nähe zu beobachten.

Um die Vogelfütterung ist in den letzten Jahren eine lebhafte Diskussion entbrannt. Füttern oder nicht füttern? Und wenn ja, wann? Stichhaltige Argumente gibt es für alles, sodass wohl jeder für sich selbst entscheiden muss, welcher Fraktion er sich anschließen will.

Ist das Füttern der Vögel sinnvoll?

Um es ganz deutlich zu sagen: Aus Gründen des Natur- und Artenschutzes ist eine Fütterung von Wildvögeln nicht erforderlich. In wissenschaftlichen Untersuchungen hat sich immer wieder gezeigt, dass auf lange Frist gesehen eine Zufütterung weder die Artenzahl in einem Gebiet erhöhen noch den zahlenmäßigen Rückgang von einst häufigen Arten aufhalten kann. Futterstellen im Siedlungsbereich erreichen selten mehr als 10–15 verschiedene Vogelarten, und das sind durchweg solche, die in ihrem Bestand nicht gefährdet sind. Allerdings hat sich ebenfalls erwiesen, dass eine sachgerechte Fütterung unseren gefiederten Freunden nicht schadet. Sie kann jedoch stark

dazu beitragen, dass bei Menschen, besonders bei Kindern, ein Interesse an der heimischen Vogelwelt geweckt wird. Und was man kennt und lieb gewonnen hat, für das setzt man sich auch ein. Insofern profitieren Vögel – und zwar alle Vögel, nicht nur die Gartenvögel – auch langfristig gesehen eben doch von den Futteraktionen, wenn auch indirekt.

→ Früchte im Überfluss: Beerengehölze bieten Vögeln im Herbst einen reich gedeckten Tisch.

GANZJÄHRIG FÜTTERN?

Vor allem in England ist es seit einigen Jahren üblich, Futterhäuschen ganzjährig zu bestücken. Bei uns ist dies unter Fachleuten umstritten. Die Befürworter einer ganzjährigen Fütterung argumentieren, dass Vögel nicht nur im Winter besonders viel Energie brauchen, sondern auch, wenn sie im Frühjahr und Sommer ihre Brut großziehen. Auch würden sie in den »aufgeräumten« Gärten nicht mehr genug Futter finden. Damit die Nahrung ausreiche, müsse sie vom Menschen ergänzt werden.

Die Gegner betonen, dass durch die ganzjährige Fütterung eine größere Anzahl Vögel in einem bestimmten Gebiet überlebt, als es die natürlichen Ressourcen dort zulassen. Die Tiere werden also abhängig von menschlicher Hilfe. Außerdem konnte nachgewiesen werden, dass durch die Ganzjahresfütterung zwar die körperliche Kondition der Elternvögel in der Brutsaison verbessert wurde, dadurch aber nicht mehr Jungvögel groß wurden. Witterungseinflüsse – schon einige nasskalte Wochen im Frühsommer können eine ganze Brut vernichten –, Störungen am Nest oder Dauerstress der Elternvögel wirken sich viel stärker auf den Bruterfolg aus als eine Zufütterung.

Meine Meinung: Wenn Sie Freude am Vogelfüttern haben, tun Sie es, ob nur im Winter oder das ganze Jahr über. Richtiges Futter vorausgesetzt, schaden Sie den Vögeln damit nicht. Seien Sie sich allerdings darüber im Klaren, dass Sie den Rückgang gefährdeter Vogelarten damit langfristig nicht stoppen können. Um zu diesem Ziel beizutragen, ist es wichtiger, den Garten und die Region vogelfreundlich zu gestalten. Um Vögeln über den Winter zu helfen, sollten Sie vor allem bei geschlossener Schneedecke und starker Vereisung Futter anbieten. In Wärmeperioden im Winter kommen die gefiederten Gäste dann gut wieder alleine klar.

→ Bitte kein Futterneid! An dieser Futtersäule wird die ganze Grünfinken-Schar gleichzeitig satt.

Der gedeckte Tisch

Mit der Unterstützung der Vögel verfolgt man – neben der akuten Hilfe – aber noch ein zweites, recht eigennütziges Ziel: Die bunte Vogelschar soll, quasi zum Dank, im Sommer bei der Schädlingsbekämpfung im Garten zur Hand gehen. Das reichliche, leicht erhältliche Nahrungsangebot an den Futterstellen macht den Garten in den Augen der Vögel zu einem idealen Brutrevier. Finden sie zusätzlich noch ausreichend Wohnraum vor, zum Beispiel in Form passender Nistkästen, entscheiden sich viele Vogeleltern, ihren Nachwuchs genau hier großzuziehen. Für den Gärtner bedeutet das, dass die Altvögel im Garten wochenlang eifrig nach Insekten suchen. Schließlich haben sie ja die hungrigen Schnäbel ihrer Jungen zu stopfen.

RICHTIG FÜTTERN

Beachten Sie beim Füttern der Vögel in Ihrem Garten folgende Punkte:

• Bieten Sie der Vogelschar möglichst unterschiedliche Arten von Futter an. Denn auch für Vögel gilt: Die Geschmäcker sind verschieden. Welches Futter die verschiedenen Arten bevorzugen, zeigt die Tabelle auf Seite 93.

• Wenn Sie ein herkömmliches Futterhäuschen aufstellen, sollte es ein ausreichend überstehendes Dach als Regen- und Schneeschutz aufweisen (→ Seite 96). Außerdem muss es regelmäßig

→ So macht Verantwortung Spaß: Ist noch genug Futter für die gefiederten Freunde da?

gereinigt werden, bevor Sie frisches Futter nachfüllen. Welche Form und Farbe das Häuschen hat, ist den Vögeln egal, solange es im Inneren nicht allzu dunkel ist. Anders als beim Brüten wollen Vögel beim Fressen nicht in eine dunkle Höhle schlüpfen, sondern ihre Umgebung im Blick behalten und möglichst nach allen Seiten einen Fluchtweg offen haben.

• Aus Gründen der Hygiene ist ein Futtersilo besser. Bei diesem rutscht aus einem Vorratsbehälter Futter nach (→ Seite 98). So wird das Futter nicht nass und vor allem nicht durch Vogelkot verschmutzt. Das Risiko, dass sich die Gäste mit Infektionskrankheiten wie Salmonellose gegenseitig anstecken, ist minimiert.

• Sofern das Futterhäuschen oder -silo nicht an einem Ast hängt, sondern frei auf einem Pfosten oder Ständer steht, platzieren Sie es nicht mitten in der Wiese, sondern in der Nähe einer Hecke oder eines Strauchs. Aus dessen Deckung heraus können die Vögel anfliegen, und dorthin können sie sich mit vollem Schnabel gleich wieder zurückziehen.

• Vögeln wie Amseln, Drosseln, Rotkehlchen oder Finken, die ihre Nahrung gewöhnlich am Boden suchen, kommen Sie mit einem Futterbrett entgegen, auf dem Sie das Futter auslegen (→ Seite 100). Stellen Sie es auf niedrigen Holzpflöcken auf oder packen Sie einige Bauziegel darunter, damit es sich ein wenig über das nasse Gras bzw. die Schneedecke erhebt. Streuen Sie nicht zu viel Futter auf das Brett, sondern erneuern Sie es lieber öfter. Reinigen Sie dabei das Brett jedes Mal von Vogelkot. Ist das Futter von Regen oder Schnee durchnässt, müssen Sie es auf jeden Fall austauschen.

• Legen Sie nicht mehr Futter auf einmal aus, als die Vögel an ein bis zwei Tagen verzehren. Das hängt natürlich davon ab, wie viele Vögel Ihre Futterstelle besuchen und kann nur ein Erfahrungswert sein. Bei großem Andrang verteilen Sie das Futter lieber auf mehrere Stellen. Wenn sich alle um einen Futterplatz drängen, ist die Gefahr größer, dass sich Krankheiten rasch verbreiten.

• Mit Brot oder ungekochtem Reis tun Sie den Vögeln nichts Gutes, beides quillt im Kropf oder Magen stark auf. Gekochter Reis dagegen wird vor allem von Sperlingen gern gepickt. Stare, aber auch Drosseln und andere Vögel lieben auch gekochte (ungesalzene!) Kartoffeln. Getrocknete und fein gehackte Käseränder (kein Wachs oder Plastik!) sind für viele Kleinvögel eine eiweißreiche Delikatesse. Alte, verdorbene Erdnüsse sind dagegen tabu. Die Nüsse sind von einem Pilz befallen, der Aflatoxin bildet, eine Substanz, die für Menschen und Vögel giftig ist.

→ Immer öfter bleiben Stare im Winter bei uns. Für sie ist ein mürber Apfel ein Festmahl.

WEM SCHMECKT WAS? VOGELFUTTER FÜR JEDEN GESCHMACK

VOGELARTEN	BEVORZUGTES FUTTER
Kohlmeise, Blaumeise, Tannenmeise	Fettfutter, gehackte Nüsse, Erdnussbruch, fettreiche Samen wie Hanf, Nigersaat, geschälte Sonnenblumenkerne
Buchfink, Dompfaff	Hanf und andere kleine Samen, Erdnussbruch, Mischfutter für Körnerfresser
Grünfink	kleine Ölsämereien wie Hanf oder Mohn, geschälte Sonnenblumenkerne, Nussbruch
Stieglitz	kleine Ölsämereien wie Mohn oder Nigersaat
Haus- und Feldsperling	nahezu alles, von Samen und Nussbruch über Fettfutter bis Rosinen und getrocknete Wildbeeren
Amsel, Wacholderdrossel	gefettete Haferflocken, Kleie, Rosinen, mürbe Äpfel
Rotkehlchen	sehr feiner Nussbruch, gefettete feine Haferflocken oder Kleie, spezielles Insektenfresserfutter (am Boden ausstreuen!)
Kleiber, Buntspecht	in Rindenritzen gestrichenes Fettfutter, Nüsse

FETTFUTTER SELBER MACHEN

Fettnahrung ist auch für die Vögel eine Kalorienbombe. Damit können sie ihren bei der Winterkälte stark erhöhten Energiebedarf am besten decken, und deshalb sind so gut wie alle Vögel in der kalten Jahreszeit wild auf Fettfutter. Am einfachsten und schnellsten geht es, wenn Sie Meisenknödel oder -ringe aufhängen, wie es sie im Winter in jedem Supermarkt und Gartencenter zu kaufen gibt. Ob in die Zweige eines Baums oder Strauchs oder an den Rand des Futterhäuschens gehängt, die Meisen und

viele andere Vögel werden geschickt daran herumturnen und sich eine Stärkung holen. Fettfutter können Sie mit wenig Aufwand auch selber machen. Dann sind Sie zum einen sicher, dass es nur hochwertige Produkte enthält. Zum anderen können Sie es, wenn Sie etwas Dekoratives im Garten haben möchten, in schmucke Gefäße füllen (→ Seite 102/103). Vielleicht haben Sie auch Lust, mit Ihren Kindern eine Futterglocke zu basteln (→ Seite 95).

Aus der eigenen Küche

Als Fett eignet sich Rindertalg am besten. Den bekommen Sie beim Metzger, eventuell müssen Sie ihn vorbestellen. Ersatzweise können Sie auch Butterschmalz verwenden. Gehärtetes Pflanzenfett ist wegen seiner Fettsäurezusammensetzung nicht ideal, geht aber zur Not ebenfalls. Verwenden Sie jedoch keine Margarine. Sie entspricht zu wenig natürlichen Fetten und wird außerdem nicht fest genug.
Für die Körnerfresser mischen Sie eine Körnermischung aus der Zoohandlung unter das Fett, für die Weichfutterfresser einen selbst gemachten Mix aus Weizenkleie, zarten Haferflocken, Rosinen und getrockneten Beeren.
• Wiegen Sie Fett und Körnermischung ab. Beide Komponenten sollten in einem Verhältnis von etwa 1:1 verwendet werden.

→ Individueller Snack: Selbst gemachte Meisen-Herzen oder Meisen-Sterne.

→ Bunte Party- oder Eisbecher bringen als Futterglocken Farbe in den Wintergarten.

• Erhitzen Sie das Fett in einem Topf, bis es geschmolzen ist. Achtung: Lassen Sie vor allem den Rindertalg nicht zu heiß werden, sonst riecht er recht unangenehm.
• Nehmen Sie den Topf vom Herd und rühren Sie die Körner- bzw. Weichfuttermischung ins Fett hinein. Fügen Sie einen guten Schuss Salatöl zu. Das verhindert, dass das Fettfutter bei tiefen Temperaturen bröckelig wird.
• Auf Zimmertemperatur abkühlen lassen, in Gefäße füllen und festdrücken.

EINE FUTTERGLOCKE BASTELN

Für die Herstellung einer einfachen Futterglocke eignet sich ein gewöhnlicher kleiner Blumentopf aus Ton (ca. 8 cm Durchmesser). Außerdem brauchen Sie ein Holzstäbchen, wie man es zum Beispiel zum Aufbinden von Pflanzen verwendet. Ein gerades Ästchen von einem Gartenstrauch erfüllt denselben Zweck. Es muss locker durch das Wasserabzugsloch des Blumentopfs passen und so lang sein, dass es mindestens 10 cm über den Topfrand ragt. Nur dann

können die Vögel gut darauf landen und sich beim Fressen festhalten. Knoten Sie eine Schnur um das Stöckchen und stecken Sie es so durch das Abzugsloch des Topfs, dass der Knoten im Topfinneren liegt. Er muss so dick sein, dass er nicht durch das Loch rutscht. Füllen Sie das Töpfchen mit dem noch weichen, aber nicht mehr flüssigen Fettfutter. Nach dem Aushärten hängen Sie es als »Glocke« an einen Zweig.

FETTIGES STREUFUTTER

Noch einfacher können Sie fettiges Streufutter herstellen. Fast alle Vögel sind ganz wild darauf. Schmelzen Sie Butterschmalz in einer tiefen Pfanne, nehmen Sie die Pfanne vom Herd und geben Sie in das Fett grobe Haferflocken, ungefähr im Gewichtsverhältnis 1:2. Rühren Sie so lange, bis die Haferflocken das Fett aufgesaugt haben. Als Extra können Sie noch eine Handvoll Rosinen oder getrocknete Wildbeeren zum Futter zugeben.
Abgekühlt bieten Sie dieses Futter im Futterhäuschen oder auf einem Futterbrett an. Für ein Futtersilo ist es nicht geeignet. Die fettigen Flocken würden an den Wänden des Behälters haften bleiben und nicht nachrutschen.

TIPP

Unterschätzen Sie die Kraft der Wintersonne nicht und hängen Sie Ihre Futterglocke unbedingt an eine schattige Stelle im Garten oder auf dem Balkon. In der Sonne kann sich das Fett so stark erwärmen und dabei weich werden, dass die Futtermasse aus dem Gefäß herausrutscht.

VOGEL-FUTTERHÄUSCHEN

1

MATERIAL

2 Bretter: 80 × 40 × 2 cm • 1 Winkelleiste, Schenkelbreite 2,5 cm: 30 cm • Vierkant-Leiste, 1 × 1 cm: 14 cm; 2,5 × 1 cm: 14 cm • Holzleim • 6 Schrauben: 3,5 × 35 mm • 30 Nägel: 35 mm lang • 1 Rundstab, Ø 3,5 cm: 1,5 m lang • Farbe: weiß, grau, rosa • Stempel

2

• Sägen Sie alle Teile maßgenau zu (→ Extra-Heft, Seite 12). Fenster und geschwungene Konturen übertragen Sie mithilfe der Vorlagen (→ Seite 122) auf das Holz und sägen sie mit der Stichsäge aus. Die Seitenwände schrägen Sie oben leicht an, damit das Dach gut sitzt. Nageln und leimen Sie alle Wände und den Boden zusammen.

• Für die Pfostenhalterung bohren Sie in die drei Holzquadrate mit der Lochsäge je ein 35 mm-Loch und leimen sie zu einem Würfel zusammen. Fixieren Sie ihn mit vier Schrauben in der Bodenmitte.

• Bemalen Sie Dach und Türschwellen grau, die Innenseiten des Häuschens rosa und die Außenseiten und Kanten weiß.

• Leimen und nageln Sie die Dachflächen auf den Korpus. Auf dem First kleben Sie die Winkelleiste fest. Für den Kamin leimen Sie die beiden Holzstücke zusammen, schrägen sie unten etwas an und kleben sie auf das Dach. Die »Türschwellen« an der Vorder- und Rückseite festkleben. Mit dem Stempel das Dekobild aufbringen.

3

• Zum Schluss stecken Sie den Rundstab in den Boden und setzen das Futterhäuschen darauf. Wenn nötig, mit 1–2 Schrauben stabilisieren, die Sie durch die Halterung in den Rundstab drehen.

TIPP

Sichern Sie das Häuschen gegen Katzen, indem Sie unterhalb des Bodens einen dichten Strauß Nadelzweige kopfunter an den Aufstellstab binden. Das erfüllt seinen Zweck und sieht hübsch aus.

→ Seite 12 im Extra-Heft

Futteroase:
eine willkommene
Energiequelle für
Vögel im rauen
Winter.

VOGEL-FUTTERSILO

MATERIAL

1 Brett: 80 × 40 × 1 cm • 2 Rundstäbe, Ø 1,5 cm: 1 m; Ø 3,5 cm: 1,5 m • 1 Vierkant-Leiste, 3 × 1 cm: 1,3 m • 1-l-PET-Flasche • Doppelklebeband • 8 Holzschrauben: 3,5 × 45 mm • 16 Nägel: 20–25 mm lang • Holzleim • 1 Gewindeschraube: 3 × 45 mm, mit Mutter und 3 Beilagscheiben • 1 Holzscheibe: Ø 4 cm • 1 Möbelknopf • Farbe: weiß, hellblau, schwarz • Buchstaben-Schablonen

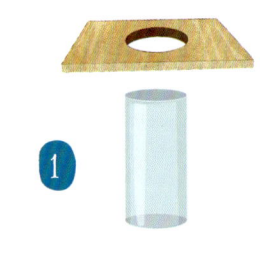

• Sägen Sie alle Teile genau zu (→ Extra-Heft, Seite 13). Aus der Mitte der PET-Flasche ein 15–17 cm langes Stück schneiden. Aus der Deckplatte einen Kreis ausschneiden, der 2 mm größer ist als die PET-Röhre. Fixieren Sie die Röhre mit Doppelklebeband im Ausschnitt der Deckplatte.

• Die dünnen Rundstäbe mit Holzschrauben zwischen Boden und Deckplatte fixieren. Zwischen Boden und PET-Röhre 1–2 cm Abstand lassen. Randleisten an Boden und Deckplatte nageln.

• Die Deckelscheibe über die Röhre legen und nahe am Rand ein Loch durch Scheibe und Deckplatte bohren. Je 1 Beilagscheibe über der Scheibe, zwischen Scheibe und Deckplatte und unter der Deckplatte einfügen. Die Schraube durch das Loch stecken und mit der Mutter fixieren. Sie ist die Achse, um die sich die Deckelscheibe beim Öffnen dreht. Holzscheibe und Möbelknopf dienen als Griff.

• Bemalen Sie das Silo weiß und hellblau und beschriften Sie es mithilfe der Buchstaben-Schablonen. Zuletzt montieren Sie den Rundstab als Ständer (Anleitung → Seite 96). Alternativ bohren Sie in jede Ecke der Deckplatte ein Loch, ziehen je eine Kordel durch, verknoten sie unter der Platte und hängen das Silo an einem Ast auf.

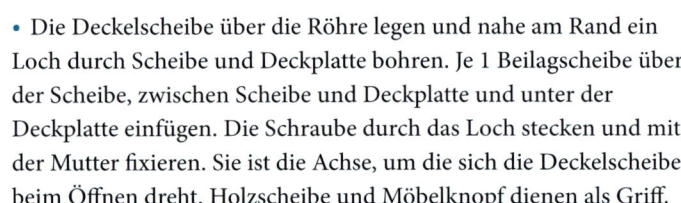

TIPP

Füllen Sie nur trockenes Körnerfutter oder Nussbruch in das Futtersilo. Gefettetes Streufutter (→ Seite 95) rutscht nicht nach, sondern bleibt an der Wand des Behälters haften und verschmiert diesen.

→ Seite 13 im Extra-Heft

MAHLZEIT

Körnerbar:
kerngesundes
Futter zum Picken
für die ganze
Vogelschar.

VOGEL-FUTTERBRETT

MATERIAL

1 Brett: 50 × 40 × 2 cm • 4 gerade Aststücke mit Rinde:
2 × 45 cm, 2 × 40 cm • 1 Vierkant-Leiste, 4 × 6 cm: 80 cm •
4 Schrauben: 3,5 × 40 mm • 8 Schrauben (Länge je nach
Durchmesser der Äste) • Farblasur: grün oder farblos

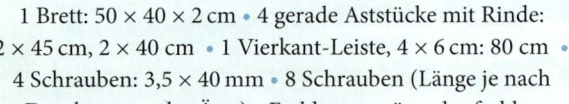

1

• Sägen Sie alle Teile zurecht (→ Extra-Heft, Seite 14). Dann streichen Sie das Futterbrett und die Beine mit einer farbigen oder farblosen Lasur, um die Wetterbeständigkeit zu erhöhen.

• Befestigen Sie die Aststücke als Rahmen mit den Schrauben am Rand des Bretts. Sie sorgen dafür, dass das Futter nicht vom Wind fortgeweht und von den Vögeln nicht weggescharrt werden kann. Dann schrauben Sie die vier Beine unter das Brett.

2

• Bohren Sie mindestens sechs Löcher (Ø 5 mm) in das Futterbrett, damit Regen oder Schmelzwasser abfließen können.

• Stellen Sie das Futterbrett an einem vor der Witterung geschützten Platz auf, zum Beispiel unter Bäumen oder hohen Büschen oder im Windschatten einer Hecke. Das verhindert, dass das Futter bei schlechtem Wetter durchnässt wird. Statt das Futter direkt auf das Brett zu streuen, können Sie es auch in hübschen Schalen, zum Beispiel aus Ton, »servieren«. In den Rand des Bretts können Sie einen langen Nagel so einschlagen, dass er nach oben steht, und einen halbierten Apfel darauf aufspießen.

3

→ Seite 14 im Extra-Heft

TIPP

Soll das Brett besser geschützt sein, montieren Sie ein Dach darüber. Befestigen Sie eine zweite Holzplatte mit vier ca. 40 cm langen Latten an den Ecken der Bodenplatte. Am Dachrand lassen sich mit langen Nägeln halbe Äpfel oder Pappbecher mit Fettfutter befestigen.

Vogelbuffet: für jeden das Richtige – vom Fettfutter bis zum Apfel.

VOGEL FUTTER

FEINE FUTTERHERZEN

OBSTTELLER

MATERIAL

Zinkwanne/frostfeste Blumenschale • Erde • winter-
harte Topfpflanzen • Moos • kurze, gerade Ästchen
oder Schaschlik-Spieße • Kiefernzapfen • Dekodraht

• Die Zinkwanne mit einigen winterfesten Gewächsen
wie Christrose oder Skimmie bepflanzen und die Erde
mit Moos abdecken.

• Die Ästchen zu Spießen schnitzen. Halbierte, mürbe
Äpfel oder Birnen aufspießen und ins Moos stecken.
Alternativ verwendet man Schaschlik-Spieße.

• Kiefernzapfen mit Dekodraht umwickeln und eine
Girlande bilden. An den Griffen der Zinkwanne fixieren.

TIPP

Bringen Sie die selbst gebastelten
Futterquellen schon im Spätherbst an
Ort und Stelle, damit die Vögel bis zum
Winter Zeit haben, sie zu entdecken
und sich den Standort einzuprägen.

MATERIAL

Bindedraht • Moos • Deko-
draht • kurze Nägelchen •
Fettfutter (→ Seite 94)

• Aus Bindedraht ein größeres
und ein etwas kleineres Herz
formen. Dazu an der Spitze
beginnen, die Herzbögen formen,
an der Spitze zusammenführen
und die Drahtenden verdrillen.

• Herzen ineinanderlegen. In den
Zwischenraum Moosstücke legen
und mit Dekodraht festbinden.

• Das Herz mit Nägelchen an
einem Baumstamm befestigen
(Nordseite oder schattige Stelle)
und Fettfutter mit einem Löffel in
das Herzinnere streichen.

FUTTERAMPEL

MATERIAL

3 Birkenscheiben mit Rinde,
Ø ca. 20 cm • Kordel • 2 Ton-
untersetzer, Ø 16 cm, innen
weiß gebrannt • Eisbärfigur
(→ Seite 124) • selbstklebendes
Klettband • Farbe: türkis

• In jede Scheibe ca. 1 cm vom
Rand gleichmäßig verteilt drei
Löcher bohren. Kordel durchfädeln, unter und über jeder
Scheibe verknoten. Tonuntersetzer außen etwas anschleifen und
türkis anmalen.

• Den Eisbären festkleben, die
Futterschalen mit Klettband
fixieren. Mit noch weichem
Fettfutter füllen. Kordeln oben
zusammenknoten.

KOKOSGLOCKE

MATERIAL

1 Kokosnuss • 1 Metallöse mit
Gewinde • buntes Geschenk-
band • Stöckchen • Fettfutter
(→ Seite 94)

• Kokosnuss mit der Säge halbieren, Fruchtfleisch herauslösen.

• Am Scheitelpunkt ein Loch
bohren, Schraube von außen
ein- und in die Schnittfläche des
Stöckchens drehen. Geschenkband an der Öse festknoten.

• Kokosglocke auf einen Becher
setzen, mit noch weichem Fettfutter füllen. Fest werden lassen.

IM PORTRÄT

Welche Vögel Sie in Ihrem Garten beobachten können, hängt stark davon ab, wo Sie wohnen, ob inmitten einer Großstadt, in einer Vorstadtsiedlung oder im ländlichen Bereich. Die folgenden Arten finden sich aber in fast jedem Garten ein.

KOHLMEISE

Größe: 14 cm • Typ: ganzjährig

Kennzeichen: Kopf schwarz mit weißen Wangen, Bauch gelb mit schwarzem Mittelstreifen.
Lebensweise: Sucht überwiegend in den unteren Ästen von Bäumen und Sträuchern nach Insekten und Larven.
Das lockt sie an: Nistkästen für Höhlenbrüter anbieten (→ Seite 80); mit Fettfutter und Nüssen über die kalte Jahreszeit hinweghelfen.

KLEIBER

Größe: 12–15 cm • Typ: ganzjährig

Kennzeichen: Auffallend kurzschwänzig, Oberseite graublau, Unterseite orangebraun. Läuft mit dem Kopf voran an Baumstämmen hinunter.
Lebensweise: Brütet in alten Spechthöhlen, deren Eingang er mit Lehm verengt. Frisst im Sommer Insekten und Larven, im Herbst und Winter steigt er auf fetthaltige Samen und Nüsse um.
Das lockt ihn an: Nistkästen für Höhlenbrüter anbieten (→ Seite 80); im Winter etwas Fettfutter an einen Baumstamm mit rauer Borke streichen.

ROTKEHLCHEN

Größe: 13–14 cm • Typ: ganzjährig

Kennzeichen: Gesicht und Brust orangerot, Oberseite braun.

Lebensweise: Männchen und Weibchen haben je ein eigenes Revier. Sucht Insekten meist am Boden, frisst ab Herbst auch Beeren und weiche Sämereien.

Das lockt es an: Halbhöhlen-Kästen (→ Seite 82). Im Winter Weichfutter auf den Boden oder ein Futterbrett (→ Seite 100) streuen.

GARTENROTSCHWANZ

Größe: 13–14 cm • Typ: Zugvogel

Kennzeichen: Männchen: Gesicht schwarz, Unterseite kräftig rostrot, Rücken schiefergrau; Weibchen: unscheinbar beigebraun, Schwanz rostrot. Beim sitzenden Vogel fällt häufiges Knicksen und Schwanzwippen auf.

Lebensweise: Überwintert in Afrika, kommt im April zu uns zurück. Singt in der frühesten Morgendämmerung.

Das lockt ihn an: Höhlenbrüter-Kasten mit hochovalem Loch oder Halbhöhlen-Kasten. Beeren tragende Sträucher sorgen im Herbst für Stärkung vor dem Zug.

MÖNCHSGRASMÜCKE

Größe: 13–15 cm • Typ: Zugvogel

Kennzeichen: Grau, Männchen mit schwarzer, Weibchen mit rotbrauner Kopfkappe.

Lebensweise: Frisst Kleininsekten und deren Larven, im Frühjahr auch Pollen von Baum- und Strauchblüten, im Herbst Beeren. Überwintert teils im tropischen Afrika, teils im Mittelmeerraum.

Das lockt sie an: Im Herbst Beeren tragende Sträucher. Mürbe gewordene, halbierte Äpfel an Zweigen befestigen.

HAUSSPERLING

Größe: 14–16 cm • Typ: ganzjährig bei uns

Kennzeichen: Männchen mit grauem Scheitel und schwarzem Kehllatz, Weibchen grau-braun-beige.
Lebensweise: Frisst Getreide und andere Sämereien, Insekten, Larven, auch Nahrungsreste des Menschen.
Das lockt ihn an: Kästen für Koloniebrüter (→ Seite 84), Mauernischen oder Einschlupfe unter Dachvorsprüngen als Nistplätze bestehen lassen.

STIEGLITZ

Größe: 12–14 cm • Typ: ganzjährig bei uns

Kennzeichen: Rote Gesichtsmaske, im Flug auffälliger breiter gelber Streifen auf schwarzen Flügeln.
Lebensweise: Lebt im Sommer paarweise, sucht im Herbst und Winter in Trupps nach stehen gebliebenen Samenständen von Stauden.
Das lockt ihn an: Die Samenstände hoher Stauden wie Goldruten, Edeldisteln oder Karden stehen lassen.

BUCHFINK

Größe: 13 cm • Typ: Teilzieher

Kennzeichen: Männchen mit graublauer Kopfkappe, Gesicht und Brust rostrot, Weibchen olivbraun. Beide mit doppelter weißer Flügelbinde.
Lebensweise: Einer der häufigsten Vögel in baumreichen Gärten. Tippelt bei der Nahrungssuche am Boden mit ruckartigen Bewegungen umher.
Das lockt ihn an: Durch Baumschnitt für Astquirle sorgen, in denen die Vögel ihr Nest verankern können. Im Winter Körner anbieten.

STAR

Größe: 19–22 cm • Typ: Zugvogel

Kennzeichen: Gefieder schwarz, weiß gepunktet, beim Männchen im Frühjahr mit metallischem Glanz.
Lebensweise: Gesellig; bewegt sich am Boden trippelnd.
Das lockt ihn an: Höhlenbrüter-Kasten (→ Seite 84) anbieten. An Obstbäumen Früchte an obersten Zweigen hängen lassen, Beerensträucher pflanzen.

AMSEL

Größe: 24–27 cm • Typ: ganzjährig bei uns

Kennzeichen: Männchen kohlschwarzes Gefieder, gelber Schnabel, gelber Augenring, Weibchen dunkelbraun.
Lebensweise: Bewegt sich am Boden beidbeinig hüpfend. Frisst vor allem Würmer, Schnecken und große Insekten, die sie am Boden sucht.
Das lockt sie an: Dichte Laubhecken als Brutplätze; Beeren tragende Sträucher und Bäume. Im Winter Weichfutter anbieten. Besonders beliebt sind fettgetränkte Haferflocken mit Rosinen und anderen Trockenbeeren.

SINGDROSSEL

Größe: 20–22 cm • Typ: Zugvogel

Kennzeichen: Oberseite mittelbraun, Unterseite rahmweiß mit zahlreichen kleinen schwarzbraunen Flecken. Im Flug fallen die ockergelben Unterflügel auf.
Lebensweise: Tippelt bei der Nahrungssuche ruckartig am Boden, stochert nach Würmern, Schnecken und anderen Kleintieren.
Das lockt sie an: Junge Fichten und dichte Sträucher für Nistplätze. Beeren tragende Sträucher für Zusatznahrung im Herbst.

FLEISSIGE INSEKTENJÄGER:
IGELN & CO
EIN ZUHAUSE BIETEN

Fledermäuse sind heimliche Jäger der Nacht, Igel und Spitzmäuse lehren mit ihrem Appetit Insekten, Schnecken und Co. das Fürchten. Sie alle leisten einen gewaltigen Beitrag bei der Schädlingsbekämpfung im Garten.

FLEDERMÄUSE

Fledermäuse wirken oft etwas geheimnisvoll. Lautlos sind sie in der Nacht unterwegs auf der Suche nach Futter. Wir profitieren von ihren Streifzügen: Sie halten den Garten frei von Mücken und die Zweige von Raupen und Käfern.

Fledermäuse bauen keine Verstecke oder Nester. Um den Tag zu verschlafen, ihre Jungen großzuziehen und Winterschlaf zu halten sind sie ganz darauf angewiesen, geeignete Quartiere

→ Zum Winterschlaf ziehen sich Kleine Hufeisennasen meist in Höhlen oder Stollen zurück.

vorzufinden. Genau das ist heute aber oft ein Problem. Früher fanden Fledermäuse in Gebäuden überall Höhlungen und Ritzen, im Dachgebälk, hinter Holzverkleidungen und in Kellern. Auch alte Obstbäume mit Astlöchern gab es reichlich. Heute aber werden sie zunehmend obdachlos: Hohle Bäume werden gefällt, Hausfassaden haben keine Nischen mehr, Dachböden keine offen stehenden Luken.

Wohnraum für Batman

Dabei brauchen die Insektenjäger nicht viel Platz. Kleinen Arten wie der Zwergfledermaus reicht schon eine Mauerritze von 2 – 3 cm Breite, größere wie der Abendsegler klemmen sich hinter Fensterläden oder hinter eine Dachtraufe. Sie können Fledermäusen das Leben komfortabler machen, wenn Sie ihnen Fledermauskästen zum Schlafen anbieten. Diese ähneln Vogelnistkästen, haben aber statt eines runden Fluglochs eine offene Spalte am vorderen unteren Rand. Flachkästen oder Spaltenquartiere bestehen dagegen aus zwei Brettern, die man mit kleinem Abstand zueinander an der Wand befestigt und zwischen die die Tiere schlüpfen können. Sie lassen sich sehr einfach bauen (→ Seite 112).

→ Um zu trinken, schöpft das Braune Langohr im Flug Wasser aus dem Gartenteich.

Da sich Fledermäuse tagsüber mucksmäuschenstill halten, werden Sie oft nur an ihrem Kot, der unten aus dem aufgehängten Kasten rieselt, merken, dass Sie Quartiergäste haben. Wer das lästig findet, legt ein Brettchen oder ein Stück Folie unter den Kasten. Aber seien Sie unbesorgt: Der trockene, krümelige Kot stinkt nicht, lässt sich gut mit einem Handfeger wegkehren und ist ein hervorragender Gartendünger.

EIN GARTEN FÜR FLEDERMÄUSE

Selbst wenn Sie am Haus kein Fledermausquartier anbringen können, lässt sich Ihr Garten zu einem Lebensraum für Fledermäuse machen. Fledermäuse nutzen Gärten als Jagdreviere, deshalb sind sie für sie besonders attraktiv, wenn es dort reichlich Insekten gibt. Das erreichen Sie durch eine große Pflanzenvielfalt. Vor allem Nektarquellen für Nachtfalter dürfen nicht fehlen. Als solche dienen blütenreiche Gehölze wie Geißblatt (Lonicera) oder Sommerflieder (Buddleja) ebenso wie nachts blühende Pflanzen wie Rote Lichtnelke (Silene dioica), Weiße Lichtnelke (Melandrium album) oder Nachtkerzen (Oenothera). Raupen finden sich nicht nur auf Obstbäumen, sondern auch auf Schlehe (Prunus spinosa), Hartriegel (Cornus sanguine-

um) oder dem Haselstrauch (Corylus avellana). Außerdem brauchen Fledermäuse eine Wasserstelle. Weil sie über ihre dünnen Flughäute gut 10 Prozent mehr Wasser durch Verdunstung verlieren als andere Säugetiere gleicher Größe, müssen sie reichlich trinken. Ein Gartenteich, in dessen Uferbepflanzung eine Lücke als Anflugschneise dient, ist ideal. Die Flugkünstler fliegen knapp über die Oberfläche und schöpfen im Flug ein Maul voll Wasser.

Sollten Sie in Ihrem Keller oder auf dem Dachboden eine den Tag verschlafende Fledermaus entdecken, ist es wichtig, dass Sie ein Fenster offen lassen, damit sie wieder hinauskann. Greifen Sie nicht mit bloßen Händen nach dem Tier. Fledermäuse sind durchaus wehrhaft und können mit ihren nadelspitzen Zähnchen schmerzhaft zubeißen.

FLEDERMAUS-FLACHKASTEN

• Sägen Sie alle Teile zu (→ Extra-Heft, Seite 15). Rauen Sie die Rückwand auf der Kasteninnenseite auf, damit sich die Fledermäuse mit ihren Krallen gut festhalten können. Mit einem Stecheisen geht das sehr gut. Man setzt es mit sehr flachem Winkel an, sodass eine schuppenartige Struktur entsteht. Die Schuppen müssen nach oben weisen. Haben Sie eine Oberfräse oder ein Multifunktionswerkzeug mit Fräsaufsatz, können Sie auch waagrechte Rillen im Abstand von 2 cm in die Rückwand fräsen.

• Leimen Sie an der unteren Kante der Vorderwand innen die schmale Leiste mittig fest. Sie verengt den Einschlupfschlitz, damit keine Vögel in den Kasten schlüpfen können.

• Nageln Sie die Seitenwände auf die Rückwand, dann die Vorderwand auf die Seitenwände. Nun noch das Dach festnageln.

• Dach und Rückwand grau, den übrigen Kasten blau bemalen. Dann die Vorderseite mit Fledermaus-Aufklebern dekorieren.

• Schrauben Sie die Holzlatte an die Rückseite des Fledermausverstecks, und befestigen Sie es mithilfe der Latte an einer Hauswand.

TIPP

Hängen Sie den Fledermaus-Kasten in 2 – 5 m Höhe an der Hausfassade so auf, dass die Tiere freien Anflug haben. Da der Kasten nach unten offen ist und Kot herausfallen kann, muss man ihn nicht reinigen.

→ Seite 15 im Extra-Heft

Machen den Tag zur Nacht: Fledermäuse kuscheln sich gern in Spalten.

IM PORTRÄT

Die kleinen, nächtlichen Flugjäger sind nicht leicht zu unterscheiden. Bei uns gibt es 23 verschiedene Arten. Die folgenden sind die markantesten und häufigsten, und sie ziehen auch gern in Häuser als Untermieter ein.

ZWERGFLEDERMAUS

Spannweite: 20–25 cm • Typ: Spaltenbewohner

Kennzeichen: 3,5–4,5 cm, eine der kleinsten heimischen Fledermäuse; Flügel schmal, Flug schnell, wendig.
Lebensweise: Häufigste Art der Kulturlandschaft, auch in Großstädten. Fliegt schon in der frühen Abenddämmerung aus, jagt oft im Lichtkegel von Straßenlaternen.
Das hilft ihr: Enge Spaltenquartiere an der Außenseite von Gebäuden aufhängen (→ Seite 112).

BRAUNES LANGOHR

Spannweite: 24–28 cm • Typ: Baumhöhlen- und Spaltenbewohner

Kennzeichen: Ohren mit 4 cm fast so lang wie Körper; Flügel breit, schlagen relativ langsam.
Lebensweise: Waldbewohner, auch in Parks und Gärten; Jagdflüge schon in der Dämmerung, liest im Rüttelflug Insekten von Zweigen ab.
Das hilft ihm: Alte Bäume mit Baumhöhlen stehen lassen. Flachkästen (→ Seite 112) an Gebäuden oder Fledermauskästen an Bäumen anbringen.

ABENDSEGLER

Spannweite: 42–45 cm • Typ: Baumhöhlen- und Spaltenbewohner

Kennzeichen: Flügel lang, schmal, Flug rasant und geradlinig.
Lebensweise: Im Sommer in Wäldern, im Herbst auch in Siedlungen. In Baumhöhlen, Nistkästen; Winterschlaf oft auf Dachböden.
Das hilft ihm: Im Herbst Einflugmöglichkeit zum Dachboden bieten. Fledermauskästen und Spalten-quartiere aufhängen.

GROSSES MAUSOHR

Spannweite: 40–43 cm • Typ: Dachbodenbewohner

Kennzeichen: Größte einheimische Art; Flügel breit; Flug geradlinig, meist in mittlerer Höhe zwischen Bäu-men, nimmt Käfer aber auch vom Boden auf.
Lebensweise: Offene Landschaften, auch Siedlungsbe-reich. Fliegt erst bei Dunkelheit aus; schläft im Sommer in Dachstühlen und Kirchtürmen, Weibchen in Grup-pen, Männchen einzeln, auch in Baumhöhlen und Nist-kästen; überwintert in Felshöhlen und Kellergewölben.
Das hilft ihm: Zugänge zu Dachräumen offen lassen; Nistkästen an Bäumen aufhängen.

GROSSE HUFEISENNASE

Spannweite: 38–40 cm • Typ: Dachbodenbewohner

Kennzeichen: Hufeisenförmiger Nasenaufsatz, Flügel breit, Flug langsam.
Lebensweise: Fliegt erst bei Dunkelheit, macht Jagd auf große Insekten; schläft im Sommer häufig auf Dachböden; Winterschlaf in frostsicheren Felshöh-len oder Bergwerken.
Das hilft ihr: Fenster oder Dachluke stets offen lassen, wenn sich eine Große Hufeisennase unter Ihrem Dach einquartiert hat.

IGEL

Obwohl mit seinem Stachelfrack alles andere als ein Kuscheltier, ist der Igel
doch so beliebt wie kaum ein anderes heimisches Wildtier. Nächtens spaziert er gern durch
unsere Gärten und schnüffelt nach Fressbarem.

Igel machen sich im Garten nützlich, indem sie
Schnecken, Würmer, Käfer, Engerlinge und
andere große Larven vertilgen. Auch nestjunge
oder tote Mäuse verschmähen sie nicht, ebenso
die Jungen bodenbrütender Vögel. Da aber nur
sehr wenige Gartenvögel auf dem Boden brüten,
bleibt der Schaden gering.
Ihre Tage verschlafen die stacheligen Gesellen.
In der Dämmerung und nachts aber streifen sie

→ Eifrig trägt der Igel Herbstlaub zusammen, um
damit sein Nest warm auszupolstern.

umher und legen trotz ihrer kurzen Beinchen
kilometerweite Strecken zurück. Wenn sie dabei
auch in Ihren Garten kommen sollen, versteht es
sich von selbst, dass dieser nicht ringsum
»igeldicht« eingezäunt sein darf.
Geleitet von seiner Nase sucht der Stachelfrack
seine Umgebung nach Fressbarem ab. Norma-
lerweise genügt es, dass ein paar Nacktschnecken im Salat oder Raupen an den Radieschen
sitzen, und ein Igel stellt sich ein. Möchten Sie
ihn mit Futter anlocken, eignet sich ein
Schälchen mit Katzen- oder Hundefutter. Bieten
Sie niemals Milch an – Igel mögen zwar Milch,
bekommen aber Durchfall davon.

Schöner wohnen

Verlockende Wohnmöglichkeiten helfen, einen
Igel im Garten zum Bleiben zu bewegen. Zwar
haben die Tiere dank ihres Stachelkleids einen
guten »Panzer« und sind auch leidlich wetterfest, doch als sicheren Schutz gegen Feinde
sowie allzu kaltes oder nasses Wetter ist ein Nest
für sie unverzichtbar. Igel bauen drei verschiede-

ne Nesttypen. Tagesverstecke liegen meist unter Büschen oder Hecken, Steinhaufen oder Brettern. Sie sind recht einfach ausgestaltet. Für einen ungestörten Winterschlaf bauen Igel dicke, dicht mit Laub ausgestopfte Winternester in einem sicheren Versteck. Und nicht zuletzt baut das Igelweibchen ein gut verborgenes, weich und warm gepolstertes Wurfnest für Geburt und Aufzucht der Jungen.

Dass eine Igelmutter ein künstliches Igelheim als Kinderstube akzeptiert, wird nur selten vorkommen. Typ eins und zwei können Sie den Igeln dagegen ohne viel Aufwand bereitstellen. Lassen Sie zum Beispiel Laub- und Reisighaufen liegen. Für ihren Tagesschlaf schlüpfen Igel dort gern hinein. Oder Sie lehnen einige kurze Bretter schräg gegen die Wand eines Schuppens, gegen die Garage oder Hauswand und stopfen ein wenig Laub oder Stroh darunter. Alternativ schlichten Sie einige Ziegel oder Feldsteine zu drei Wänden eines Hauses auf und legen ein breites Brett als Dach darüber. Noch etwas Laub hinein, fertig! Oder aber Sie zimmern aus Brettern eine Igelbehausung (→ Seite 118/119).

→ Gerade im Herbst sieht man Igel oft tagsüber im Garten: Sie wollen noch so viel wie möglich fressen.

AN WAS SONST NOCH ZU DENKEN IST

Wenn ein Igel in Ihrem Garten zu Besuch ist oder sich gar häuslich niedergelassen hat, sollten Sie auch für seine Sicherheit sorgen.

• Verwenden Sie auf keinen Fall Schneckengift! Ein Igel frisst auch verendete Schnecken und vergiftet sich dabei selbst.

• Lassen Sie besondere Vorsicht walten, wenn Sie mit einer Grabgabel oder einem Spaten in Falllaub, Reisig oder im Kompost stochern. Vielleicht schläft ein Igel darin. Sehen Sie im Winter sowie von Mai bis August am besten ganz davon ab, Laubhaufen abzutragen oder Kompost umzusetzen. Sie könnten einen Igel im Winterschlaf oder eine Igelmutter mit Jungen stören.

• Swimmingpools sind tödliche Fallen für Igel und andere Tiere. Ein am Rand angebrachtes schräges Brettchen als Ausstiegshilfe hat schon manches Leben gerettet. Auch Gartenteiche müssen immer an mindestens einer Stelle ein seichtes, flaches Ufer haben.

TIPP

Bisweilen trifft man im Spätherbst auf einen jungen Igel, der noch zu klein ist, um den Winter überstehen zu können. Ein solches Igelkind ins Haus zu nehmen und über die Wintermonate aufzupäppeln, bedarf einer Menge einschlägiger Erfahrung. Als Laie tut man gut daran, den kleinen Igel zum Tierarzt oder in eine qualifizierte Igelstation zu bringen.

IGEL-BURG

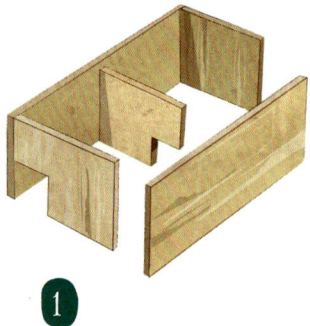

1

MATERIAL

2 Bretter: 80 × 40 × 2 cm • 1 Vierkant-Leiste, 2 × 2 cm:
1 m • 1 Stück Dachpappe: ca. 66 × 50 cm • 12 Nägel:
35 mm lang • 30–40 Dachpappennägel • Holzleim •
Farbe: grün • Füllmaterial: trockenes Laub/Stroh

• Sägen Sie alle Teile genau zu (→ Extra-Heft, Seite 16). In die
Vorderwand und die Trennwand sägen Sie je eine Türe (→ Skizze).
Bauen Sie alle Teile laut Skizze zusammen. Die Trennwand teilt die
Schlafkammer vom Eingangsbereich ab und verhindert, dass zum
Beispiel Katzenpfoten bis zum schlafenden Igel vordringen.

2

• Die Leisten unten auf das Dach kleben. Dabei zu den Dachkanten
je 5 cm Abstand lassen. Das Dach mit Dachpappe abdecken, Pappe
um die Ränder schlagen und mit Dachpappennägeln oder Tacker
fixieren. Die Burg grün bemalen.

• Platzieren Sie die Igelburg am Rand einer Hecke oder unter
niedrigen Sträuchern mit dem Eingang zur wetterabgewandten
Seite (Süden oder Südosten). Zum Schutz gegen Bodenfeuchtigkeit
stellen Sie die Burg auf einige Holzlatten oder eine Terrassenplatte.

• Füllen Sie die Schlafkammer locker mit trockenem Laub oder
Stroh (Heu schimmelt leicht) und setzen Sie das Dach auf die Burg.

3

• Wechseln Sie im Frühjahr das Füllmaterial. So entfernen Sie auch
Zecken und Flöhe. Dabei Handschuhe tragen!

TIPP

Ist die Burg bewohnt? So stellen Sie es fest, ohne den Igel zu stören:
Drücken Sie zwei Pinnnadeln auf halber Höhe rechts und links des
Eingangs ins Holz und legen Sie einen Wollfaden darüber. Wurde der
Faden weggezogen, ist ein Igel durch die Tür marschiert.

→ Seite 16 im Extra-Heft

In einer solchen Burg kommen Igel gut geschützt über den Winter.

SPITZMÄUSE

Mäuse, die keine Mäuse sind, ja nicht einmal Nagetiere? Die kleinen Spitzmäuse können nur die wenigsten Gartenbesitzer genau identifizieren. Weil sie einen gewaltigen Appetit haben, wäre der Garten ohne sie von sehr viel mehr Schädlingen bevölkert.

Spitzmäuse haben – außer ihrem Namen und der Körpergestalt – nichts mit Mäusen gemeinsam. Vielmehr werden sie wie Igel und Maulwurf zu den Insektenfressern gezählt. Sie

→ Mit ihrer langen Schnauze spürt die Gartenspitzmaus Würmer, Schnecken und auch Aas auf.

vergreifen sich deshalb weder an Weizen noch an Wurzeln, sondern ernähren sich ausschließlich von allerlei Kleingetier. Und weil sie

überaus aktiv sind, brauchen Spitzmäuse täglich etwa so viel Nahrung, wie ihr Körpergewicht ausmacht. Sie räumen deshalb gründlich auf mit Kellerasseln, Schaben, Motten und Mücken, mit Schnecken, Drahtwürmern, Engerlingen und den Larven vieler anderer Schadinsekten. Eine selber gerade einmal 5 g leichte Spitzmaus verputzt pro Tag bis zu zehn fette Engerlinge oder 30 sogenannte Drahtwürmer, die Larven von Schnellkäfern.

Heimliche Gesellen

Von den neun bei uns heimischen Spitzmausarten kommen vor allem die Haus- und die Gartenspitzmaus ziemlich regelmäßig in Gärten vor. Allerdings führen sie dort ein sehr heimliches, überwiegend nächtliches Leben, das sich meist in dichter Vegetation abspielt. Daher bekommt man sie so gut wie nie zu Gesicht. Ihre Lebensweise legt nahe, dass sie ein reich strukturiertes Umfeld mit guter Deckung brauchen, zumal sie sogar ihre Nester oberirdisch anlegen, etwa unter Baumwurzeln oder Holzstapeln oder

→ Die winzige Hausspitzmaus hält sich gern in Gärten oder sogar in Häusern auf.

in Höhlungen zwischen Zweigen und dichter Vegetation. Durch eine entsprechende Gartengestaltung können Sie die heimlichen Helfer unterstützen.

SOZIALER WOHNUNGSBAU

Wenn es darum geht, den Spitzmäusen im Garten ein Quartier zu schaffen, heißt es wieder einmal: Mut zur Unordnung. Legen Sie einfach einige Feldsteine oder Ziegel unter einen Busch und häufen Sie abgeschnittene Äste, alte Bretter und Reisig kreuz und quer darüber, sodass ein an Hohlräumen reicher Haufen entsteht. Die Steine schützen vor Bodennässe, ein über den Haufen gebreitetes Stück Dachpappe hält ihn von oben trocken. Wenn das Gebüsch aus kratzigen Berberitzen oder Brombeerranken besteht, werden zudem Katzen wirksam abgehalten. Denn die Samtpfoten erbeuten Spitzmäuse häufig, fressen sie wegen ihres strengen Geruchs aber nicht.

Da in einem solchen Haufen nicht nur Spitzmäuse, sondern auch Kleintiere wie Asseln,

Käfer und Nacktschnecken gern Unterschlupf suchen, läuft den spitznasigen Winzlingen das Futter praktisch direkt vors Maul.

Auch Trockenmauern mit größeren Ritzen gewähren Spitzmäusen Unterschlupf und sehen im Garten zudem noch dekorativ aus, ebenso wie Gabionen – mit Steinen gefüllte Drahtkörbe, die zur Hangbefestigung, als Sichtschutz oder Einzäunung dienen. Deren Gitterkörbe dürfen nur nicht mit allzu kleinen Steinen gefüllt sein.

Die Sache mit dem Maulwurf

Ein Gartenfreund, der schon einmal über Dutzende von Maulwurfhaufen in seinem gepflegten Rasen verzweifelt ist, wird es vielleicht mit ungläubigem Staunen hören, aber auch der schwarze Verwandte der Spitzmäuse macht sich im Garten durchaus nützlich – von der Wühlerei natürlich abgesehen. Immerhin vertilgt ein Maulwurf massenweise Würmer, Schnecken und Insekten, unter anderem jede Menge Wurzelschädlinge wie Maulwurfsgrillen, Drahtwürmer, Engerlinge oder Erdschnakenlarven. Ganz nebenbei lockert und durchlüftet er mit seinen Tunneln den Boden.

Halten Sie dies dem Maulwurf zugute, wenn Sie sich das nächste Mal über einen seiner Erdhaufen ärgern. Antun dürfen Sie dem schwarzen Gesellen ohnehin nichts, denn nach der Bundesartenschutzverordnung gehört der Maulwurf zu den besonders geschützten Tieren und darf weder gefangen noch verletzt oder getötet werden. Allenfalls verscheuchen dürfen Sie ihn aus Ihrem Garten, zum Beispiel durch Geruchsstoffe wie Pflanzenjauchen, Essigessenz, zerdrückte Knoblauchzehen oder käufliche Vergrämungsmittel, die man in die aufgestochenen Gänge einbringt – allerdings mindestens wöchentlich und alle paar Meter, sonst machen sie auf den Maulwurf wenig Eindruck.

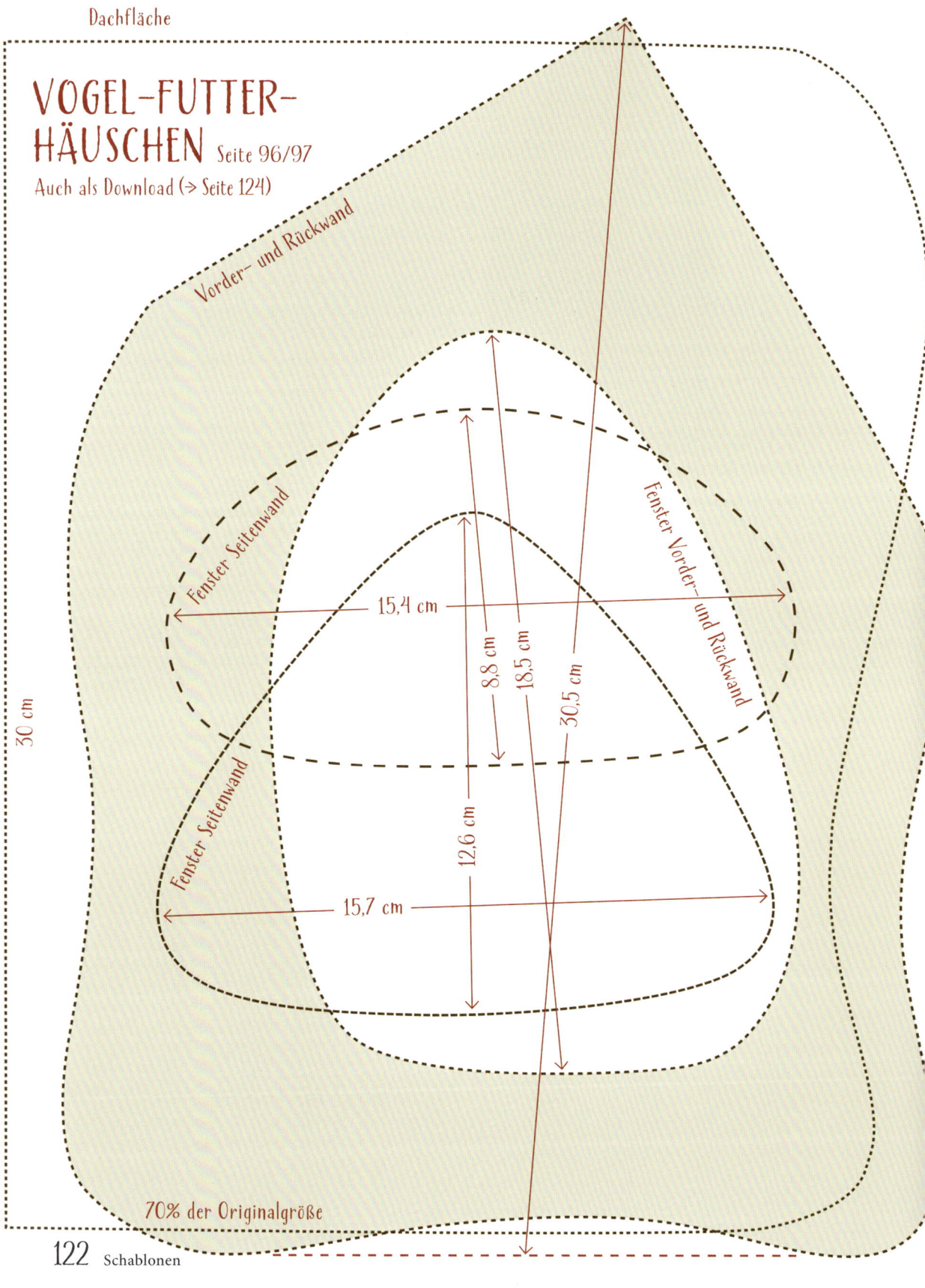

Dachfläche

VOGEL-FUTTER-HÄUSCHEN Seite 96/97
Auch als Download (→ Seite 124)

Vorder- und Rückwand

Fenster Seitenwand

Fenster Seitenwand

Fenster Vorder- und Rückwand

30 cm

15,4 cm

8,8 cm

18,5 cm

30,5 cm

12,6 cm

15,7 cm

70% der Originalgröße

SCHMETTERLINGS-HOTEL

Auch als Download (-> Seite 124)

Seite 70/71

rechte Dachfläche

linke Dachfläche

Seite 46/47
100%

20 cm

20 cm

Seite 80/81
100%

Seite 84/85
100%

2 cm

22,5 cm

70% der Originalgröße

ADRESSEN & LITERATUR

Bezugsquellen

Insektenhotel (→ Seite 40)
Bambusstäbe:
www.native-plants.de

Hummelburg (→ Seite 47)
Kapok als Nestmaterial:
www.zooplus.de (pro Burg eine Kapokschote)

Ohrwurm-Behausungen (→ Seite 66/67)
Holzwolle:
www.creativ-discount.de

Ohrwurm-Villa (→ Seite 67)
Zaunhocker (Daniela Tautz):
www.dawanda.com

Halbhöhlen-Kasten (→ Seite 82)
Tafellack:
www.creativ-discount.de

Plattform für Freibrüter (→ Seite 87)
Weidenruten:
www.re-natur.de
www.flechtweiden.de

Vogel-Futterampel (→ Seite 103)
Birkenscheiben:
Floristik- und Geschenkewerkstatt
www.miroflor.de
Tonuntersetzer, Futterschalen:
www.futterlaedele.de
Eisbär-Figur:
www.schleich-s.com

Bastelbedarf
www.creativ-discount.de
www.buttinette.de
www.franks-home.de
Schablonen, Holzscheiben, Stempel etc.

Käufliche Nützlinge
Sauter & Stepper GmbH
www.nuetzlinge-shop.de

Info-Adressen

BUND – Bund für Umwelt und Naturschutz Deutschland e.V.
Am Köllnischen Park 1
10179 Berlin
www.bund.net

NABU – Naturschutzbund Deutschland e.V.
Charitéstr. 3
10117 Berlin
www.nabu.de

Internet
www.wildbiene.com
(Infos über die verschiedenen Arten)

www.wildbienen.de/wbs-fpfl.htm
(Liste geeigneter Futterpflanzen)

www.hummelfreund.com
(informative Seite über Hummeln)

www.rutkies.de (Infos zu Schwebfliegen)

www.naturtipps.com/nisthilfen.html
(Infos zu Naturschutz und Artenschutz in der Praxis)

Service

Alle Baupläne und Schablonen finden Sie auch zum Herunterladen und Ausdrucken unter www.gu.de/magazin/bauanleitungen-nisthilfen

Literatur

Grothe, B., Borstell, U.: **Naturgärten gestalten.** Gräfe und Unzer Verlag, München

Hofmann, H.: **Gartenvögel. Die wichtigsten Arten entdecken und bestimmen.** Gräfe und Unzer Verlag, München

Kubik, Ch.: **Pflanzenschutz im naturnahen Garten.** Österreichischer Agrarverlag, Wien

Rupp, Ch.: **Biogärtnern für Selbstversorger.** Gräfe und Unzer Verlag, München

REGISTER

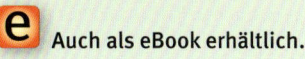

IMPRESSUM

© 2014 GRÄFE UND UNZER VERLAG GmbH, München

Projektleitung: Angelika Holdau
Lektorat: Barbara Kiesewetter
Bildredaktion: Adriane Andreas, Petra Ender (Cover)
Umschlaggestaltung und Layout: independent Medien-Design, Horst Moser, München
Herstellung: Petra Roth
Satz: Ludger Vorfeld
Repro: Longo AG, Bozen
Druck und Bindung: Firmengruppe APPL, aprinta druck, Wemding

Bildnachweis: Alle Illustrationen in diesem Buch stammen von **Claudia Lieb**, mit Ausnahme der Icons (Shutterstock).

Alle Fotos in diesem Buch stammen von **Anke Schütz**, außer:

Alamy: 93; Arco Images: 49-1, 107-3, 111, 114-1, 115-1, 115-2; Ardea: 2; Bauer Media/selbst ist der Mann: 87-1, 87-2; Bildmaschine: 18; Biosphoto: 48-1, 48-2; birdimagency: 106-2; Blickwinkel: 57; Barbara Bonisolli: 94; Elke Borkowski: 15-1; Colourbox: 31-1, 75-1; Corbis: 50-2, 77; Jeremy Early: 51-3; F1 online: 52; FloraPress: 63; FLPA Images: 12, 49-2, 50-1, 50-3, 54, 91; GAP Photos: 22, 30, 33, 53, 89; Garden World Images: 14; Getty: 5-2, 26, 68, Tierfotos auf dem Umschlag; Oliver Giel: 121; Bernhard Haselbeck: 10, 38; Hippocampus/Jürgen Pfleiderer: 49-3; Marianne Majerus Garden Images: 13, 19, 23, 24-1, 37, 61; Mauritius Images: 62, 120; Minden Pictures: 32-1, 106-1, 107-2; Nature Picture Library: 4-1, 4-2, 8, 16, 34, 36, 56, 72-2, 73-1, 76-1, 88, 90, 104-1, 104-2, 105-1, 117; Okapia: 11, 114-2; panthermedia: 73-3; Picture Press: 35; Premium: 25, 51-2, 105-3, 106-3, 110; sechsbeine.de: 39; Shutterstock: 6, 7-1, 51-1, 60, 69, 72-1, 73-2, 74, 105-2, 107-1, 108, 109-1; Martin Staffler: 20, 27; Friedrich Strauss: 92; Annette Timmermann: 9, 21, 78; Wildlife: 115-3, 116.

Umwelthinweis: Dieses Buch ist auf PEFC-zertifiziertem Papier aus nachhaltiger Waldwirtschaft gedruckt.

Syndication: www.jalag-syndication.de

ISBN 978-3-8338-3790-6

3. Auflage 2015

Die GU-Homepage finden Sie im Internet unter www.gu.de

Die Autorin

Helga Hofmann ist promovierte Biologin und arbeitete viele Jahre an der Universität München über ökologische Themen. Die leidenschaftliche Hobbygärtnerin hat – auch schon bei GU – zahlreiche Bücher verfasst, in denen sie Kenntnisse über die heimische Tier- und Pflanzenwelt sowie über die Zusammenhänge in der Natur vermittelt.

Die Fotografin

Anke Schütz arbeitet als selbstständige Fotografin und Stylistin für Food- und Lifestylemagazine. Mit viel Freude und Liebe zum Detail setzt sie Dekoratives, leckere Gerichte oder auch Gärten in Szene. www.ankeschuetz.de

Dank der Autorin

Meinem Mann, Werner Stanglmeier, danke ich ganz herzlich für die vielen Stunden, in denen er sich im Keller vergraben hat, um die hölzernen »Rohbauten« sämtlicher beschriebener Nützlingsquartiere zu bauen.

Mein Dank geht auch an Frau Anke Schütz, die die hölzernen Rohlinge sodann mit Farbe, Fantasie und Kamera gekonnt in Szene setzte.

Liebe Leserin, lieber Leser,

haben wir Ihre Erwartungen erfüllt? Sind Sie mit diesem Buch zufrieden? Haben Sie weitere Fragen zu diesem Thema? Wir freuen uns auf Ihre Rückmeldung, auf Lob, Kritik und Anregungen, damit wir für Sie immer besser werden können.

GRÄFE UND UNZER Verlag
Leserservice
Postfach 86 03 13, 81630 München
E-Mail: leserservice@graefe-und-unzer.de
Telefon: 00800 / 72 37 33 33*
Telefax: 00800 / 50 12 05 44*
Mo–Do: 8.00–18.00 Uhr
Fr: 8.00–16.00 Uhr
(* gebührenfrei in D, A, CH)

Ihr GRÄFE UND UNZER Verlag
Der erste Ratgeberverlag – seit 1722.

 www.facebook.com/gu.verlag

GRÄFE UND UNZER

Ein Unternehmen der
GANSKE VERLAGSGRUPPE

HELGA HOFMANN

Nisthilfen
Insektenhotels & Co
selber machen

15 Projekte mit exakten
Bauplänen und Einkaufslisten.
Auch als Download

GU

INSEKTENHOTEL AUS HOLZ

⟶ Seite 40/41 im Buch

MATERIAL

1 Kiefern- oder Fichtenbrett: 80 × 40 × 2 cm • 36 Nägel: 35 mm lang • Holzleim • Farbe: rot und rosa • Füllmaterial: Baumscheiben, dickere Äste, Strohhalme, Binsen, Bambusstäbe, markhaltige Zweige, z. B. Holunder oder Brombeere

BAUTEILE

1 Rückwand: 32 × 32 cm
1 Bodenteil: 32 × 12 cm
1 Bodenteil: 34 × 12 cm
2 Trennwände: 32 × 10 cm
1 Dachfläche: 40 × 15 cm
1 Dachfläche: 38 × 15 cm

Rückwand

32 cm
32 cm
3 Aufhängelöcher (Ø 1 cm)

Bodenteil

34 cm
12 cm

Bodenteil

32 cm
12 cm

Dachfläche

40 cm
15 cm

Dachfläche

38 cm
15 cm

Trennwand

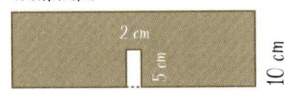

2 cm
5 cm
32 cm
10 cm

Trennwand

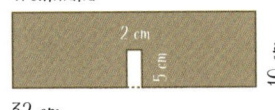

2 cm
5 cm
32 cm
10 cm

INSEKTENHOTEL MIT LEHM

·····❯ Seite 42/43 im Buch

MATERIAL

5 Kiefern- oder Fichtenbretter: 80 × 40 × 2 cm • 40 Nägel: 35 mm lang • 16 Schrauben:
3,5 × 35 mm • Holzleim • 1 Schilfmatte • Hasengitter: 54 × 45 cm • 2 Lochziegelsteine •
1 Ytong-Stein • Töpferton (ca. 5 kg für 2 Fächer) oder 1 Eimer lehmige Gartenerde •
Kiefernzapfen • Holunderzweige

Rückwand

Seitenwände

5 cm

55 cm

54 cm

5 cm

55 cm

15 cm

5 cm

55 cm

15 cm

Dachfläche

Regalböden

15 cm

50 cm

15 cm

50 cm

15 cm

50 cm

15 cm

50 cm

15 cm

60 cm

20 cm

Zwischenwände
2. und 3. Etage

12 cm

15 cm

12 cm

15 cm

12 cm

15 cm

4. Etage

5 cm

15 cm

10 cm

1. Etage

8 cm

15 cm

8 cm

15 cm

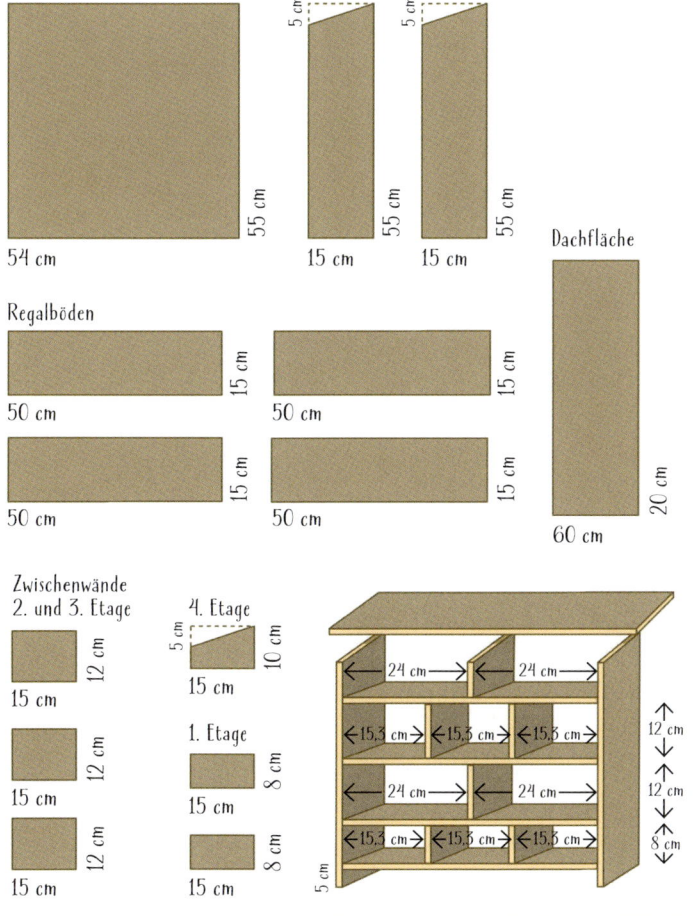

5 cm

24 cm

24 cm

15,3 cm

15,3 cm

15,3 cm

12 cm

24 cm

24 cm

12 cm

15,3 cm

15,3 cm

15,3 cm

8 cm

BAUTEILE

1 Rückwand: 54 × 55 cm

4 Regalböden: 50 × 15 cm

2 Seitenwände: 15 cm breit,
vorn 50 cm, hinten 55 cm
hoch

1 Dachfläche: 60 × 20 cm

2 Zwischenwände, 1. Etage:
15 × 8 cm

3 Zwischenwände, 2. und
3. Etage: 15 × 12 cm

1 Zwischenwand, 4. Etage:
15 cm breit, vorn 5 cm,
hinten 10 cm hoch

HUMMEL-BURG

⤳ Seite 46/47 im Buch

MATERIAL

3 Kiefern- oder Fichtenbretter: 80 × 40 × 2 cm • 1 Brett (Zuschnitt im Baumarkt): 46 × 46 × 2 cm •
Vierkant-Leiste, 2 × 2 cm: 80 cm; 1 × 1 cm: 18 cm; 5 × 1 cm: 8 cm • 4 Holzklötzchen (Reste) • Dachpappe: 60 × 60 cm • 30 Dachpappennägel • 1 Karton, von oben zu öffnen: ca. 25 × 25 × 25 cm •
1 Pappe: 24 × 24 cm • 1 Papp- oder Kunststoffröhre: Ø 3,5 cm, ca. 20 cm • doppelseitiges Klebeband •
40 Nägel: 35 mm lang • Holzleim • Kleintierstreu, Kapok • Farbe: weiß, grün, gelb

BAUTEILE

1 Boden: 36 × 36 cm

1 Dach: 46 × 46 cm

1 Vorderwand: 40 × 36 cm

1 Rückwand: 40 × 36 cm

2 Seitenwände: 36 × 36 cm

4 Stücke der Vierkant-
   Leiste, 2 × 2 cm: je 20 cm
   (für die Dachunterseite)

3 Stücke der Vierkant-
   Leiste, 1 × 1 cm: je 6 cm
   (rund ums Einflugsloch)

1 Vierkant-Leiste, 5 × 1 cm:
   8 cm (als Landebrettchen)

4 Holzklötze (als Füßchen)

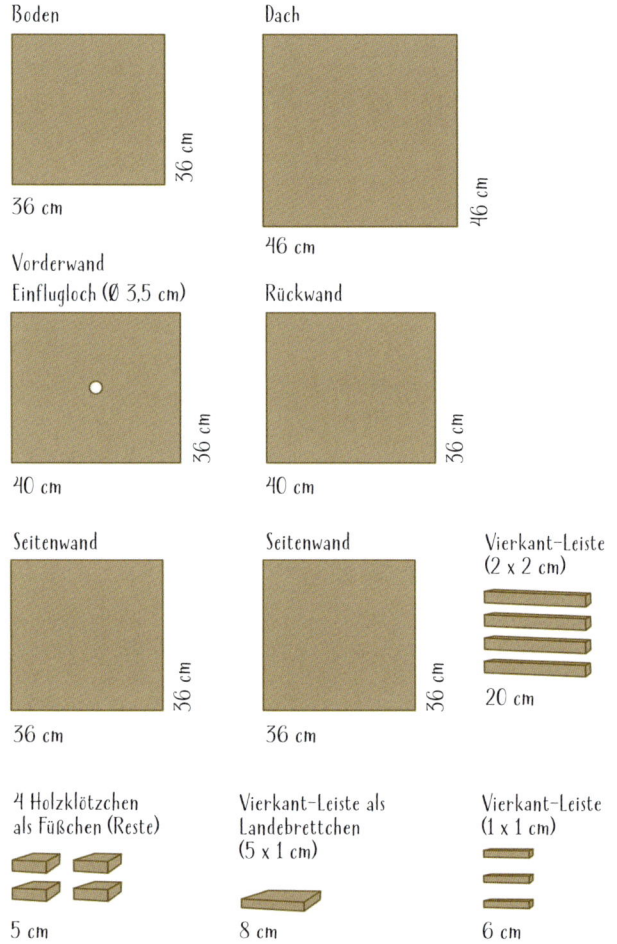

Boden
36 cm · 36 cm

Dach
46 cm · 46 cm

Vorderwand
Einflugloch (Ø 3,5 cm)
40 cm · 36 cm

Rückwand
40 cm · 36 cm

Seitenwand
36 cm · 36 cm

Seitenwand
36 cm · 36 cm

Vierkant-Leiste
(2 x 2 cm)
20 cm

4 Holzklötzchen
als Füßchen (Reste)
5 cm

Vierkant-Leiste als
Landebrettchen
(5 x 1 cm)
8 cm

Vierkant-Leiste
(1 x 1 cm)
6 cm

FLORFLIEGEN-HAUS

····⟩ Seite 58/59 im Buch

MATERIAL

2 Kiefern- oder Fichtenbretter: 80 × 40 × 2 cm • 1 Vierkant-Leiste,
5 × 1 cm: 1 m (Lamellen) • 18 Nägel: 35 mm lang • Holzleim •
Drahtgeflecht (Hasengitter): ca. 30 × 25 cm • 2 Klappscharniere •
Füllmaterial: Weizenstroh • Farbe: braunrot, weiß

Boden

25 cm
20 cm

Rückwand

25 cm
23 cm

Seitenwand

5 cm
20 cm
25 cm
20 cm

Seitenwand

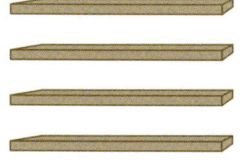

5 cm
20 cm
25 cm
20 cm

BAUTEILE

1 Boden: 25 × 20 cm

1 Rückwand: 25 × 23 cm

2 Seitenwände: 20 cm breit,
vorn 20 cm hoch, hinten
25 cm hoch

1 Dach: 30 × 25 cm

4 Stücke der Vierkant-
Leiste, 5 × 1 cm: je 25 cm
(als Lamellen)

Dach

25 cm
30 cm

Vierkant-Leiste (5 x 1 cm)

25 cm

MARIENKÄFER-QUARTIER

⤍ Seite 64/65 im Buch

MATERIAL

1 Kiefern- oder Fichtenbrett: 80 × 40 × 2 cm • 1 Winkelleiste, Schenkelbreite 2,5 cm: 13,5 cm • 1 Holzlatte, 4,5 × 2 cm: ca. 1,3 m • 18 Nägel: 35 mm
lang • 2 Schrauben: 3,5 × 35 mm • Holzleim • Farbe: rot, weiß, schwarz •
Schablonierpinsel • Füllung: Holzwolle, Stroh oder trockenes Laub

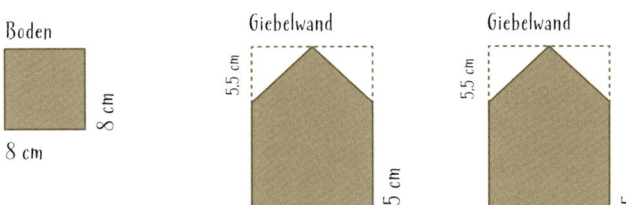

Boden
8 cm
8 cm

Giebelwand
5,5 cm
12 cm
17,5 cm

Giebelwand
5,5 cm
12 cm
17,5 cm

BAUTEILE

- 1 Boden: 8 × 8 cm
- 2 Giebelwände (Vorder-
  und Rückseite):
  12 × 17,5 cm
- 2 Seitenwände: 8 × 12 cm
- 1 Dachfläche: 12 × 13,5 cm
- 1 Dachfläche: 10 × 13,5 cm
- 1 Winkelleiste, Schenkelbreite 2,5 cm: 13,5 cm
- 4 Stückchen von der Holzlatte, 4,5 × 2 cm: je 1 cm
- 1 Holzlatte, 4,5 × 2 cm:
  ca. 1,2 m (zum Aufstellen
  des Häuschens)

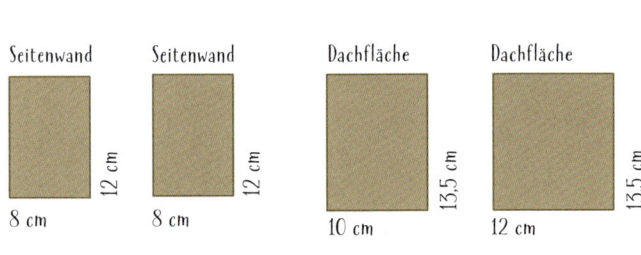

Seitenwand
8 cm
12 cm

Seitenwand
8 cm
12 cm

Dachfläche
10 cm
13,5 cm

Dachfläche
12 cm
13,5 cm

Stückchen der Holzlatte
(4,5 x 2 cm)
1 cm

Winkelleiste
13,5 cm

Holzlatte (4,5 x 2 cm)

ca. 1,2 m

SCHMETTERLINGS-HOTEL

⟶ Seite 70/71 im Buch

MATERIAL

2 Kiefern- oder Fichtenbretter: 80 × 40 × 2 cm • 1 Winkelleiste, Schenkelbreite 2,5 cm: 20 cm • 20 Nägel: 35 mm lang • Holzleim • 2 Stahlnägel
(großer Kopf): 35 mm lang • 1 Schraubhaken • 2 Metallösen mit Gewinde
(für die Aufhängung) • Farbe: weiß, grün • 1 Möbelknopf

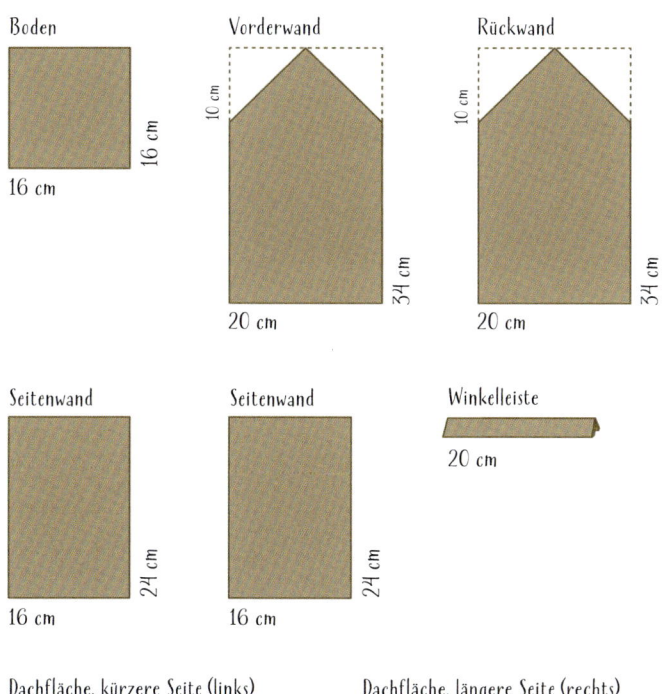

Boden

16 cm

16 cm

Vorderwand

10 cm

20 cm

34 cm

Rückwand

10 cm

20 cm

34 cm

BAUTEILE

1 Boden: 16 × 16 cm

1 Vorderwand: 20 × 34 cm

1 Rückwand: 20 × 34 cm

2 Seitenwände: 16 × 24 cm

2 Dachflächen: 30 × 25 cm

1 Winkelleiste, Schenkel-
breite 2,5 cm: 20 cm

Schablonen → Seite 123

Seitenwand

24 cm

16 cm

Seitenwand

24 cm

16 cm

Winkelleiste

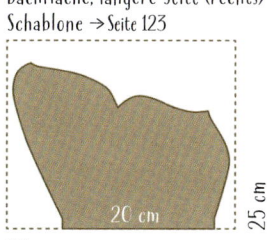

20 cm

Dachfläche, kürzere Seite (links)
Schablone → Seite 123

20 cm

25 cm

30 cm

Dachfläche, längere Seite (rechts)
Schablone → Seite 123

20 cm

25 cm

30 cm

HÖHLENBRÜTER-KASTEN

┈┈> Seite 80/81 im Buch

MATERIAL

1 Kiefern- oder Fichtenbrett: 80 × 40 × 2 cm • 1 Winkelleiste, Schenkelbreite 2,5 cm: 20 cm • 2 Stahlnägel mit großem Kopf: 35 mm lang • 1 kleiner Schraubhaken • 20 Nägel: 35 mm lang • Holzleim • Farbe: weiß, grau, rot • Kreppband • bemooste Zweige • Birken-rinde (Floristikbedarf) • Kontaktkleber

Boden

13 cm

13 cm

Vorderwand
Einflugloch (Ø 2,6–6 cm)

9 cm

27 cm

17 cm

Rückwand

9 cm

27 cm

17 cm

BAUTEILE

1 Boden: 13 × 13 cm

1 Vorderwand: 17 × 27 cm

1 Rückwand: 17 × 27 cm

2 Seitenwände: 13 × 18 cm

1 Dachfläche: 20 × 17 cm

1 Dachfläche: 20 × 15 cm

1 Winkelleiste, Schenkel-
breite 2,5 cm: 20 cm

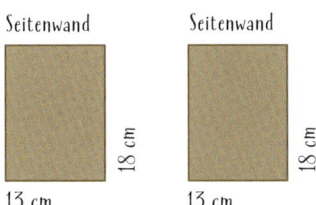

Seitenwand

13 cm

18 cm

Seitenwand

13 cm

18 cm

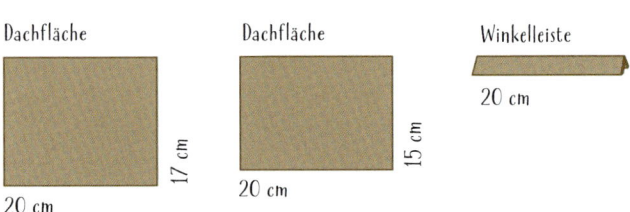

Dachfläche

20 cm

17 cm

Dachfläche

20 cm

15 cm

Winkelleiste

20 cm

VARIANTE MIT PULTDACH

⟶ Variante zu Seite 80/81 im Buch

MATERIAL

1 Kiefern- oder Fichtenbrett: 80 × 40 × 2 cm • 1 Rundstab, Ø 1,5 cm:
ca. 8 cm lang • 16 Nägel: 35 mm lang • 4 Schrauben, 35 × 3,5 mm
(für die Befestigung der Vorderwand, die sich zum Reinigen öffnen
lässt) • Holzleim • Farbe: türkis

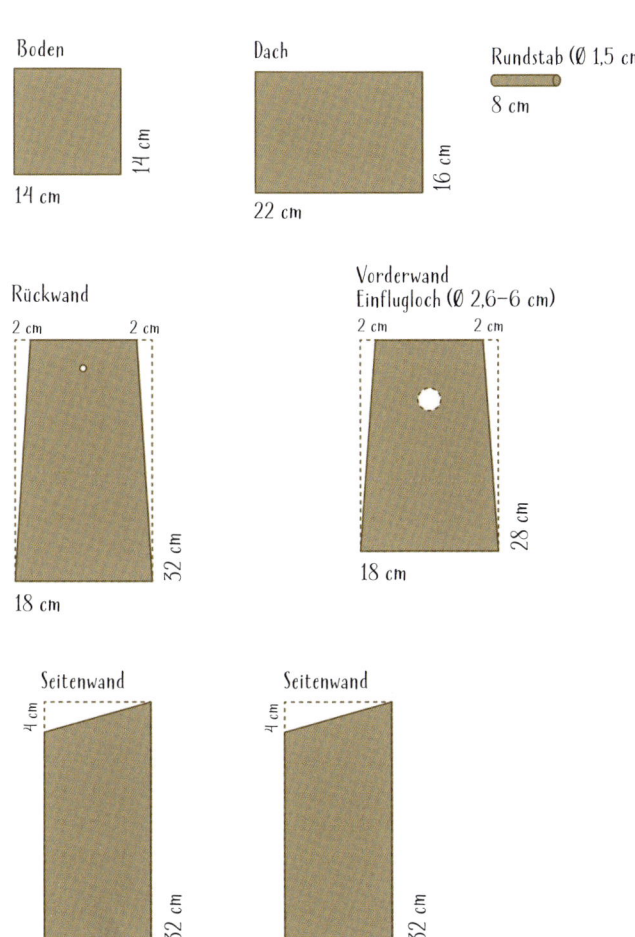

Boden
14 cm
14 cm

Dach
22 cm
16 cm

Rundstab (Ø 1,5 cm)
8 cm

Rückwand
2 cm   2 cm
18 cm
32 cm

Vorderwand
Einflugloch (Ø 2,6–6 cm)
2 cm   2 cm
18 cm
28 cm

Seitenwand
4 cm
14 cm
32 cm

Seitenwand
4 cm
14 cm
32 cm

BAUTEILE

1 **Boden:** 14 × 14 cm
mit 4 Belüftungslöchern
(Ø 5 mm)

1 **Rückwand:** unten 18 cm,
oben 14 cm breit,
32 cm hoch, mit Auf-
hängeloch (Ø 1 cm)

1 **Vorderwand:** unten
18 cm, oben 14 cm breit,
28 cm hoch, mit Ein-
flugloch (Ø siehe Tabelle
Seite 70)

2 **Seitenwände:** 14 cm breit,
vorn 28 cm, hinten
32 cm hoch

1 **Dach:** 22 × 16 cm

1 **Rundstab:** ca. 8 cm
zum Landen und Sitzen

HALBHÖHLEN-KASTEN

⟶ Seite 82/83 im Buch

MATERIAL

1 Kiefern- oder Fichtenbrett:
80 × 40 × 2 cm • 16 Nägel: 35 mm lang •
Holzleim • Farbe: grau, weiß • roter
Tafellack • Kreide

BAUTEILE

1 Boden: 15 × 12 cm

1 Vorderwand: 19 × 8 cm

1 Rückwand: 19 × 20 cm

1 Dach: 19 × 19 cm

2 Seitenwände: 12 cm breit,
vorn 16 cm, hinten
20 cm hoch

Boden

15 cm · 12 cm

Vorderwand

19 cm · 8 cm

Rückwand

19 cm · 20 cm

Dach

19 cm · 19 cm

Seitenwand
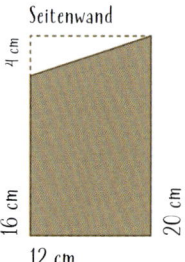
4 cm · 16 cm · 12 cm · 20 cm

Seitenwand
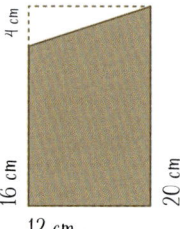
4 cm · 16 cm · 12 cm · 20 cm

REIHENHAUS FÜR SPATZEN

⇢ Seite 84/85 im Buch

MATERIAL

2 Kiefern- oder Fichtenbretter: 80 × 40 × 2 cm • 1 Vierkant-Leiste, 3 × 0,5 cm: 33 cm • ca. 30 Nägel: 35 mm lang • 2 Stahlnägel (großer Kopf) • Holzleim • 2 Schraubhaken • Farbe: weiß, blau, gelb, grün

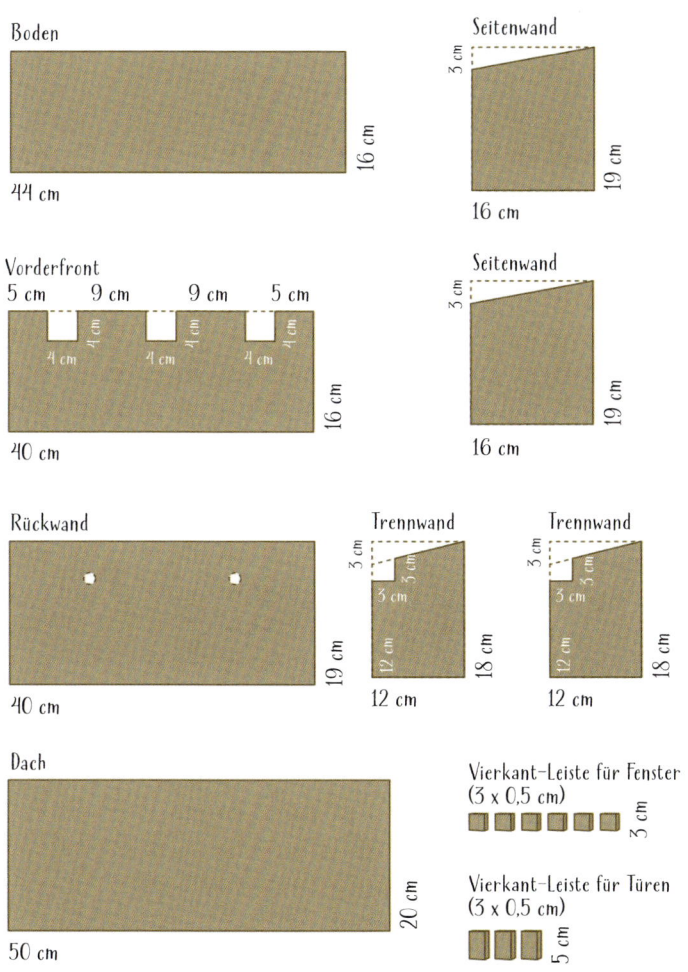

Boden
44 cm
16 cm

Seitenwand
3 cm
16 cm
19 cm

Vorderfront
5 cm   9 cm   9 cm   5 cm
4 cm
40 cm
16 cm

Seitenwand
3 cm
16 cm
19 cm

Rückwand
40 cm
19 cm

Trennwand
3 cm
3 cm
12 cm
12 cm
18 cm

Trennwand
3 cm
3 cm
12 cm
12 cm
18 cm

Dach
50 cm
20 cm

Vierkant-Leiste für Fenster
(3 x 0,5 cm)
3 cm

Vierkant-Leiste für Türen
(3 x 0,5 cm)
5 cm

BAUTEILE

1 Boden: 44 × 16 cm

1 Vorderwand:
40 × 16 cm

1 Rückwand: 40 × 19 cm

2 Seitenwände: 16 cm breit,
vorn 16 cm, hinten
19 cm hoch

2 Trennwände: 12 cm breit,
vorn 12 cm, hinten
18 cm hoch

1 Dach: 50 × 20 cm

6 Stücke der Vierkant-
Leiste, 3 × 0,5 cm: je 3 cm
(für die Fenster)

3 Stücke der Vierkant-
Leiste, 3 × 0,5 cm: je 5 cm
(für die Türen)

VOGEL-FUTTERHÄUSCHEN

⟶ Seite 96/97 im Buch

MATERIAL

2 Kiefern- oder Fichtenbretter: 80 × 40 × 2 cm • 1 Winkelleiste, Schenkelbreite 2,5 cm: 30 cm • 1 Vierkant-Leiste, 1 × 1 cm: 14 cm; 2,5 × 1 cm:
14 cm • Holzleim • 6 Schrauben: 3,5 × 35 mm • 30 Nägel: 35 mm lang •
1 Rundstab, Ø 3,5 cm: 1,5 m lang • Farbe: weiß, grau, rosa • Stempel

BAUTEILE

1 Boden: 15 × 20 cm

1 Vorderwand: 24 × 32,5 cm

1 Rückwand: 24 × 32,5 cm

1 Seitenwand: 20 × 17,5 cm

1 Seitenwand: 20 × 22 cm

2 Dachflächen: 35 × 25 cm

1 Winkelleiste, Schenkel-
breite 2,5 cm: 30 cm

2 Stücke der Vierkant-
Leiste, 2,5 × 1 cm: je 7 cm

2 Stücke der Vierkant-
Leiste, 1 × 1 cm: je 7 cm

3 Holzstücke: je 6 × 6 cm
(Pfostenhalterung)

1 Rundstab, ø 3,5 cm:
1,5 m (zum Aufstellen)

Schablonen → Seite 122

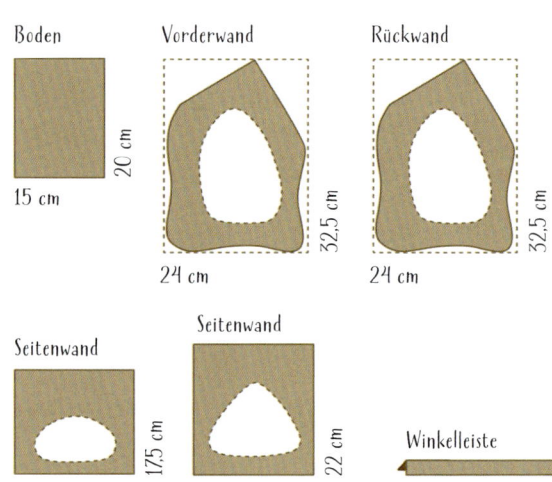

Boden
15 cm / 20 cm

Vorderwand
24 cm / 32,5 cm

Rückwand
24 cm / 32,5 cm

Seitenwand
20 cm / 17,5 cm

Seitenwand
20 cm / 22 cm

Winkelleiste
30 cm

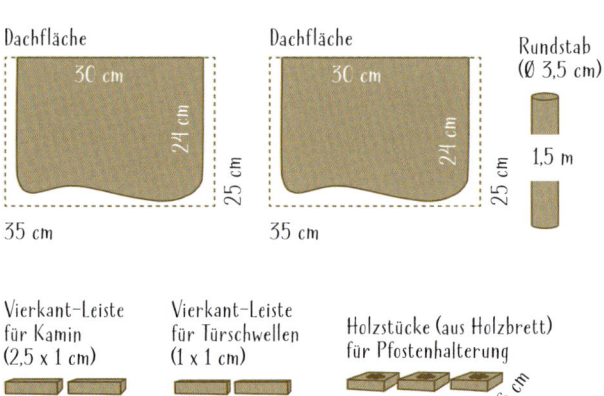

Dachfläche
30 cm / 24 cm / 25 cm / 35 cm

Dachfläche
30 cm / 24 cm / 25 cm / 35 cm

Rundstab
(Ø 3,5 cm)
1,5 m

Vierkant-Leiste
für Kamin
(2,5 x 1 cm)
7 cm

Vierkant-Leiste
für Türschwellen
(1 x 1 cm)
7 cm

Holzstücke (aus Holzbrett)
für Pfostenhalterung
6 cm / 6 cm

VOGEL-FUTTERSILO

⟶ Seite 98/99 im Buch

MATERIAL

1 Kiefern- oder Fichtenbrett: 80 × 40 × 2 cm • 2 Rundstäbe, Ø 1,5 cm: 1 m und Ø 3,5 cm:
1,5 m • 1 Vierkant-Leiste, 3 × 1 cm: 1,3 m • 1-l-PET-Flasche (gerader Mittelteil) • Doppelklebeband • 8 Holzschrauben: 3,5 × 45 mm • 16 Nägel: 20–25 mm lang • Holzleim •
1 Gewindeschraube: 3 × 45 mm, mit Mutter und 3 Beilagscheiben • 1 Holzscheibe: Ø 4 cm •
1 Möbelknopf (als Griff) • Farbe: weiß, hellblau, schwarz • Buchstaben-Schablonen

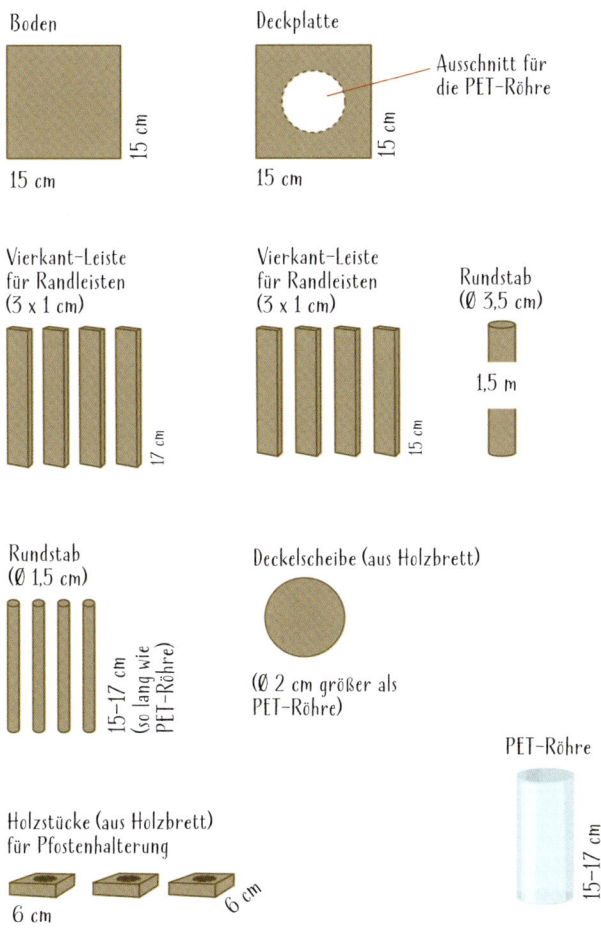

Boden — 15 cm × 15 cm

Deckplatte — 15 cm × 15 cm — Ausschnitt für die PET-Röhre

Vierkant-Leiste für Randleisten (3 x 1 cm) — 17 cm

Vierkant-Leiste für Randleisten (3 x 1 cm) — 15 cm

Rundstab (Ø 3,5 cm) — 1,5 m

Rundstab (Ø 1,5 cm) — 15–17 cm (so lang wie PET-Röhre)

Deckelscheibe (aus Holzbrett) — (Ø 2 cm größer als PET-Röhre)

PET-Röhre — 15–17 cm

Holzstücke (aus Holzbrett) für Pfostenhalterung — 6 cm — 6 cm

BAUTEILE

1 Boden: 15 × 15 cm

1 Deckplatte: 15 × 15 cm

1 Deckelscheibe:
Ø 2 cm größer als PET-Flasche

4 Stücke vom Rundstab,
Ø 1,5 cm: 15–17 cm (so lang wie PET-Röhre)

4 Stücke der Vierkant-Leiste: je 17 cm

4 Stücke der Vierkant-Leiste: je 15 cm

3 Holzstücke: je 6 × 6 cm (Pfostenhalterung)

1 Rundstab, ø 3,5 cm: ca. 1,5 m (zum Aufstellen)

VOGEL-FUTTERBRETT

⟶ Seite 100/101 im Buch

MATERIAL

1 Kiefern- oder Fichtenbrett: 50 × 40 × 2 cm • 4 gerade Aststücke mit Rinde: 2 × 45 cm, 2 × 40 cm lang • 1 Vierkant-Leiste, 4 × 6 cm: 80 cm • 4 Schrauben: 3,5 × 40 mm • 8 Schrauben (Länge je nach Durchmesser der Äste) • Farblasur: grün oder farblos

BAUTEILE

1 Brett: 50 × 40 cm

4 Aststücke: 2 × 45 cm, 2 × 40 cm

4 Stücke der Vierkant-Leiste: je 20 cm

Brett

50 cm

40 cm

Aststücke

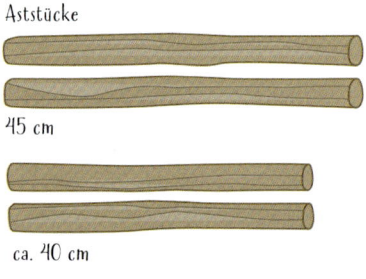

45 cm

ca. 40 cm

Vierkant-Leiste für die Beine (4 x 6 cm)

20 cm

FLEDERMAUS-FLACHKASTEN

⟶ Seite 112/113 im Buch

MATERIAL

2 Kiefern- oder Fichtenbretter: 80 × 40 × 2 cm • 1 Vierkant-Leiste,
2 × 2 cm: 26 cm • 1 Holzlatte, 5 × 1 cm: 60 cm • 24 Nägel:
35 mm lang • Holzleim • 2 Schrauben: 3,5 × 35 mm • Farbe: grau,
blau • Fledermaus-Aufkleber (Baumarkt)

Rückwand

Vorderwand

45 cm

30 cm

35 cm

30 cm

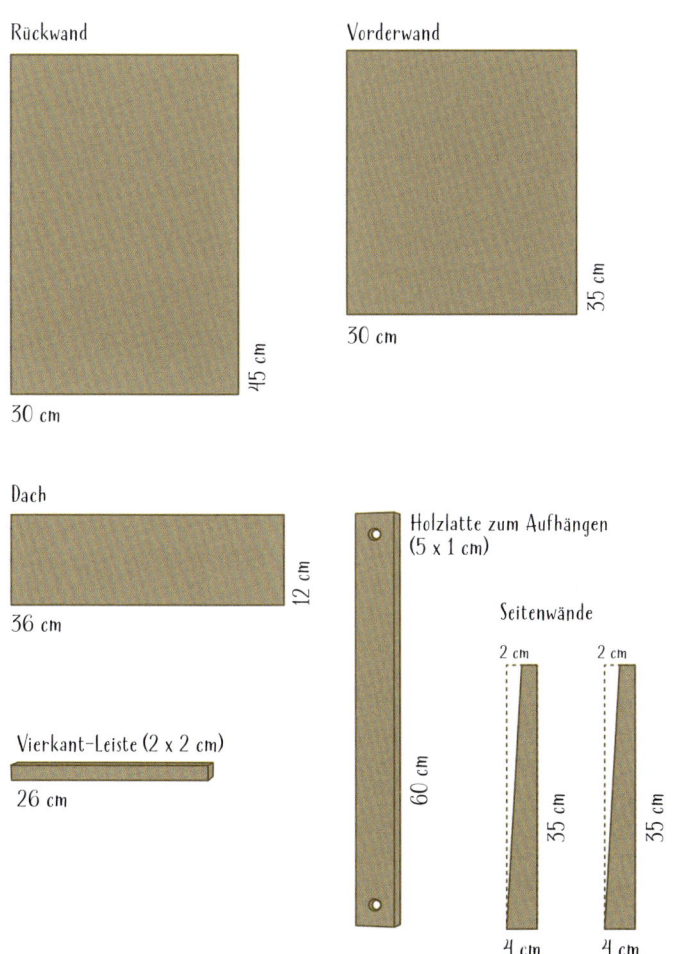

Dach

12 cm

36 cm

Holzlatte zum Aufhängen
(5 x 1 cm)

60 cm

Seitenwände

2 cm   2 cm

35 cm   35 cm

4 cm   4 cm

Vierkant-Leiste (2 x 2 cm)

26 cm

BAUTEILE

1 Rückwand: 30 × 45 cm

1 Vorderwand: 30 × 35 cm

2 Seitenwände: 35 cm
hoch, unten 4 cm, oben
2 cm breit (Abschrägung
nur an der Vorderkante!)

1 Dach: 36 × 12 cm

1 Vierkant-Leiste, 2 × 2 cm:
26 cm

1 Holzlatte, 5 × 1 cm:
60 cm

IGEL-BURG

⟶ Seite 118/119 im Buch

MATERIAL

2 Kiefern- oder Fichtenbretter: 80 × 40 × 2 cm • 1 Vierkant-Leiste,
2 × 2 cm: 1 m • 1 Stück Dachpappe: ca. 66 × 50 cm • 12 Nägel:
35 mm lang • 30–40 Dachpappennägel • Holzleim • Farbe: grün •
Füllmaterial: trockenes Laub/Stroh

BAUTEILE

1 Rückwand: 30 × 20 cm

1 Vorderwand: 30 × 20 cm

2 Seitenwände: 50 × 20 cm

1 Trennwand: 30 × 18 cm

1 Dach: 56 × 40 cm

2 Stücke der Vierkant-Leiste, 2 × 2 cm : je 46 cm

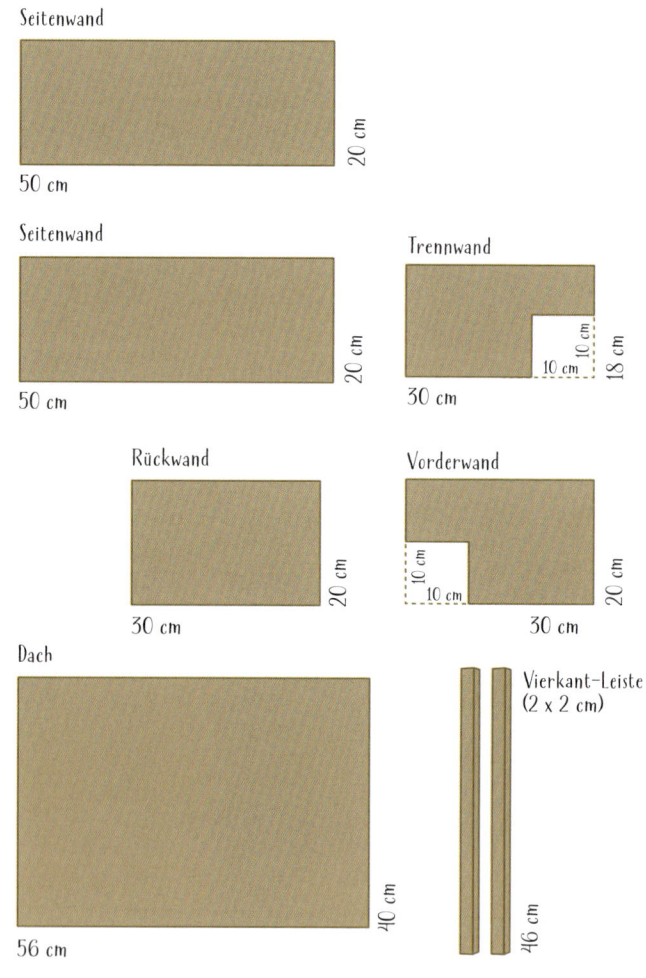

Seitenwand
50 cm · 20 cm

Seitenwand
50 cm · 20 cm

Trennwand
30 cm · 18 cm · 10 cm · 10 cm

Rückwand
30 cm · 20 cm

Vorderwand
30 cm · 20 cm · 10 cm · 10 cm

Dach
56 cm · 40 cm

Vierkant-Leiste
(2 x 2 cm)
46 cm